“十一五”国家重点图书
中国气象局科普项目资助
农村气象防灾减灾科普系列丛书

家禽家畜养殖与气象

中国气象学会秘书处
气象出版社　编

图书在版编目(CIP)数据

家禽家畜养殖与气象/中国气象学会秘书处，气象出版社编. —北京：气象出版社，2009.12(2015.1重印)

(农村气象防灾减灾科普系列丛书)

中国气象局科普项目资助

ISBN 978-7-5029-4867-2

Ⅰ. 家… Ⅱ. ①中…②气… Ⅲ. 气候-关系-畜禽-养殖-问答 Ⅳ. S81-44

中国版本图书馆CIP数据核字(2009)第061084号

家禽家畜养殖与气象

Jiaqin Jiachu Yangzhi yu Qixiang

出版发行：气象出版社
地　　址：北京市海淀区中关村南大街46号
邮政编码：100081
网　　址：http://www.qxcbs.com
E-mail：qxcbs@cma.gov.cn
电　　话：总编室010－68407112，发行部010－68409198
策划编辑：崔晓军　王元庆
责任编辑：王元庆
终　　审：袁信轩
封面设计：博雅思企划
责任技编：吴庭芳
责任校对：刘祥玉
印 刷 者：北京奥鑫印刷厂
开　　本：787 mm×1 092 mm　1/32
印　　张：3.25
字　　数：70千字
版　　次：2009年12月第1版
印　　次：2015年1月第2次印刷
印　　数：12 001～17 000
定　　价：9.00元

《农村气象防灾减灾科普系列丛书》

编　委　会

主　编：沈晓农

副主编：李　慧　王春乙　刘燕辉

编　委（以姓氏笔画为序）：

王元庆　王存忠　刘文泉

成秀虎　吴建忠　张　斌

陈　烨　林方曜　崔晓军

本册编写：李　德

序

据统计，我国是世界上气象灾害最严重的国家之一，每年因各种气象灾害造成的农作物受灾面积达5 000万公顷，经济损失达2 000亿元以上。随着全球气候变暖，我国农业生产面临着更大的自然风险。

党的十七届三中全会指出，农业、农村、农民问题关系党和国家事业发展全局，并对加强农村防灾减灾能力建设，加强灾害性天气监测预警，提高灾害处置能力和农民避灾自救能力，开发气象预报预测和灾害预警技术，开发利用风能和太阳能，加强农业公共服务能力建设等方面都作出部署，提出了明确要求。党中央、国务院历来高度重视农业发展问题，自 2004 年以来已连续下发了五个关于“三农”问题的中央一号文件。2008 年中央一号文件更明确提出，要充分发挥气象为农业生产服务的职能和作用。2008 年 6 月 23 日胡锦涛总书记在两院院士大会上也指出，要将灾害预防等科技知识纳入国民教育，纳入文化、科技、卫生“三下乡”活动，纳入全社会科普活动，提高全民防灾意识、知识水平和避险自救能力。

近年来，中国气象局联合有关部门和单位始终坚持做好面向农村和农民的气象科普工作，积极动员全部门力量，组织开展各类科普活动，初步取得了良好的效果。面对农业生产和农村改革发展的新形势和新要求，气象部门始终坚持以新时期农业、农村和农民的实际需求为牵引，着力发展农村公共气象服务，充分发挥气象预报预警、气象防灾减灾、应对气候变化、气候资源开发利用等保障和促进农村经济社会发展的职能和作用。在中国气象局科普专项支持下，中国气象学会和气象出版社组织气象科普专家编写了《农村气象防灾减灾科普系列丛书》，该套丛书针对我国现代农业、农村、农民的特点，围绕社会主义新农村建设，从气象与农村生产、生活的关系及影响出发，突出气象服务与防灾的重点，以期把气象防灾科普知识送到千家万户，以增强农民群众防灾减灾意识，提高科学应对各种灾害的能力。该丛书面向农村、农民群众普及各类气象灾害常识和防御要点，针对性强、通俗易懂，将通过“农家书屋”工程等渠道向全国发放。

中国气象局将不断努力，在逐步增强广大农民群众气象防灾减灾、应对气候变化科学意识和提高农民群众气象科学素质等方面发挥气象部门的应有作用，为保障人民群众生命财产安全和农村社会经济可持续发展，为推进社会主义新农村建设、构建和谐社会作出更大的贡献。

郑国光

（中国气象局局长）

2008年10月

目　录

1. 如何调控雏鸡饲育温度

雏鸡的体温调节功能尚不完善，既怕冷又怕热。如果饲育环境温度过高，影响雏鸡体热与水分的散发，体热平衡出现紊乱，食欲减退，生长发育迟缓，死亡率会上升。饲育环境温度过低，雏鸡易扎堆，行动不便，采食、饮水会受到影响。另外，若饲育环境温度忽高忽低变化不定，雏鸡易受寒发生白痢病，其死亡率也会上升。

一般来说，饲育雏鸡给温的原则是：前期高、后期低，弱雏高、强雏低，小群高、大群低，阴雨天高、晴天低，夜间高、白天低，通常是夜间饲育温度可比白天高 1～2 ℃。同时，要根据季节、鸡种、育雏方式、供温设备、育雏舍保温性能、育雏密度、雏鸡的体质强弱等灵活加以调整。例如：冬季和早春温度应高些，给温时间应长些，特别是在晚上或天气突然变化，如出现大风降温、雨、雪天气时，育雏温度应加以提高，夜间温度可比白天提高 1 ℃。夏季和初秋温度可低些，给温时间也可缩短。雏鸡群小、密度稀温度可稍高，群大、密度高温度可稍低。免疫、断喙后 1～2 天温度要高些。雏鸡发病时应提高育雏温度。弱雏温度可稍高，健雏温度可稍低。肉用鸡较蛋用鸡温度可稍高。

饲育环境温度的调控，应根据雏鸡日龄增长与气温情况逐步平稳进行，绝不可忽高忽低变化无常。当然，降温速度也要适宜，如降温速度太慢不利于羽毛生长；降温速度太快雏鸡不适应，生长速度降低，死亡率会上升。一般来说，开始温度较高，避免与孵化出雏时的温度相差太大，否则雏鸡不适应，团缩扎堆不愿活动，更不会采食，无法正常生长。一般 1～2

日龄育雏温度(鸡背高度或网上5厘米高度处)为34～35 ℃,舍内温度27～29 ℃。以后每7天降低3 ℃,到28日龄时,温度可降至21 ℃左右,以后保持这个温度即可。但若遇到天气突然转冷,仍然要适时加温。另外,在降温的过程中,还要考虑天气情况,气温高时,降温可适当快些;反之,气温低时,降温速度宜慢些。

据试验,不同日龄雏鸡的适宜温度指标范围分别是:1～3日龄为34～32 ℃、4～7日龄为32～30 ℃、8～14日龄为30～27 ℃、15～21日龄为27～25 ℃、22～28日龄为25～20 ℃、29～35日龄为25～15 ℃、36日龄以上为25～15 ℃。

2. 如何根据雏鸡行为表现调控温度

雏鸡饲育环境温度是否适宜,不能单凭温度表测量,还要根据雏鸡的行为表现加以适当调整,做到看雏调温。

饲育温度适宜时,雏鸡活泼好动,精神旺盛,叫声轻快,羽毛平整光滑,食欲良好,饮水适度,粪便多呈条状。饱食后休息时,在地面(网上)分布均匀,头颈伸直熟睡,无奇异状态或不安的叫声,鸡舍安静。

温度低时,雏鸡行动缓慢,集中在热源周围或挤于一角,并发出"叽叽"叫声,生长缓慢,大小不均。严重者发生感冒或下痢致死。温度高时,雏鸡远离热源,精神不振,趴于地面,两翅展开,张口喘息,大量饮水,食欲减退,高温会诱发热射病,致使雏鸡大批死亡。

因此,在雏鸡饲育过程中,掌握好这种"生物温度计"对育雏工作十分重要。

3. 如何调控好雏鸡饲育湿度

雏鸡饲育环境的相对湿度，一般在60%～80%范围内最好，40%～70%是雏鸡生育的适宜湿度。若环境相对湿度超过85%，表明空气太潮湿，影响散热；低于35%，空气过于干燥，会影响雏鸡黏膜和皮肤的防卫能力，易引发雏鸡呼吸道疾病，还会使雏鸡的羽毛生长不良，导致雏鸡脱水。

一般来说，饲育雏鸡环境的相对湿度要依据不同日龄、不同地区、不同季节来进行调控。总的原则是前高后低，从日龄上看，1～10日龄时控制在60%～70%，10日龄以后控制在50%～60%。从周龄上看，在育雏的第1周，环境宜相对干燥，舍内温度较高，湿度不宜过低，否则雏鸡易脱水死亡；从第2周的后期开始，雏鸡饮水量大，呼吸量大，易导致空气潮湿，可将相对湿度逐渐降至55%～60%。

由于湿度计有时会失灵，或反应迟缓。因此，日常管理上，可结合饲养人员的自身感觉和雏鸡的行为表现，判断饲育环境的湿度是否适宜。如当相对湿度适宜时，饲育人员进入育雏室内有湿热感觉，口鼻不觉干燥，雏鸡脚爪光泽、细润，精神状态好，鸡飞走时，室内基本无灰尘扬起。若进入育雏室内时，感觉口鼻干燥，雏鸡围在饮水器边，不断饮水，表明育雏室湿度过低，要及时补湿。如果育雏室内的用具、墙壁上潮湿或有露珠，说明湿度过高，要降湿。

4. 如何调控饲育雏鸡的光照

光照除保证雏鸡能吃到食外，主要是刺激鸡体的生理要求与生育。调控光照的要素有两个:一是光照时间,二是光照强度。

光照时间:如果光照时间过长,会促进小母鸡性成熟,使小母鸡过早开产、产蛋小。一般1~3日龄,采用全天24小时光照,有利于促进雏鸡自由采食。之后,每天减少1~2小时,到15日龄时每天为8小时。

光照强度:如果光照太强会引起啄羽、趾、肛等恶癖。一般来说,第1周为了让雏鸡熟悉环境、料槽、水槽,可用较强的光照,之后以弱光为好。具体做法:每1.5平方米鸡舍,第1周在鸡头上方0.8~1米处,可悬挂60~100瓦灯泡1只;第2周换用25瓦的灯泡,之后可采用自然光照。

5. 不同色彩的光照对鸡有什么影响

研究表明,不同的色彩对鸡的不同生长阶段或生产性能,会产生不同的作用。有的色彩能促进鸡的生长和提高其生产性能,但有的色彩对鸡的生长发育不但无益反而有害。

因此,养鸡生产上,还要注意色彩禁忌:

一是红光禁忌:红光对雏鸡的生长速度有抑制作用,对性成熟有推迟作用,所以不宜用于雏鸡和青年鸡。另据报导,红色光线有降低种公鸡精子活力的作用,所以应禁止将红光用于种公鸡。

二是绿光禁忌:研究发现,绿光对鸡产蛋有抑制作用,所以禁止用于产蛋鸡和种母鸡。

三是蓝光禁忌:蓝光有使鸡产蛋量减少的作用,因此,除将蓝光作为捕捉鸡的辅助措施偶尔应用外(鸡对蓝色光线反应迟钝,在蓝色光线下鸡为睁眼瞎),对产蛋鸡不可多次、长期应用。

四是黄光禁忌：黄光有降低饲料报酬率及降低产蛋量的作用，所以禁止用于产蛋鸡和种母鸡。另据国内有关资料报导，用黄光照明，鸡易发生啄癖，所以对有潜在发生啄癖因素的鸡群，应禁止应用黄光照明。

五是饲养者服装色彩变换禁忌：鸡习惯了饲养人员某种颜色的服装后，会产生条件反射，饲养人员一进鸡舍，即引起鸡精神振奋、食欲增强、采食量增加。如果饲养人员突然更换其他颜色的服装进鸡舍，则鸡会产生陌生惊恐感觉，使采食量减少，久之则影响生长。因此，饲养人员的服装颜色以保持恒定为好。

6. 如何饲喂雏鸡

饲喂时间：一般要在雏鸡出壳后 12～24 小时喂食，长途运输时间也不宜超过 3～6 小时。

饲喂饲料：一般用碎米，喂前先将碎米用水泡透。

饲喂原则：由于雏鸡消化功能差，饲喂时应掌握“定时定量，少喂勤添，不饥不胀”的原则。一般来说头 1 周要尽量昼夜饲喂，每昼夜 7～8 次；2 周龄时喂 4～6 次，以后改为白天喂料；自 3 周龄开始，可喂些切碎的青料；4 周龄时便可饲喂配合饲料。

适时给予饮水：一般来说，雏鸡在食前要先饮 0.1％的高锰酸钾水，以便清洗和消毒肠道。长途运输如延误饮水时间过长，可先给雏鸡饮用 2％～8％的糖水，以恢复体力。

7. 如何做好雏鸡的卫生防疫

雏鸡饲育环境内的垫草要常晒常换、保持干燥、清洁、疏松，并及时清除鸡粪。食槽、饮水器也要经常清洗，保持清洁卫生。为预防雏鸡上呼吸道疾病，可用链霉素给雏鸡滴鼻。

若预防鸡白痢，可用0.02%痢特灵拌在饲料中，用量是2.5千克饲料加0.5克(即0.1克片，加5片)，连喂5～7天。如果已经发病，应用0.04%痢特灵治疗。

若预防肠道疾病，可用土霉素粉拌在饲料中，每100只雏鸡，每天12克，分2次，连喂5天。

对于出壳后12周龄的雏鸡，为预防鸡瘟和鸡痘，可用新城疫系疫苗滴鼻，用鸡痘疫苗刺种皮肤。

若预防球虫病，可在雏鸡出壳两周后，在饮水中加入0.01%痢特灵，连用5～7天，或每千克饲料中加氯苯胍0.03克，拌匀喂服12个月。

当雏鸡达3周龄时，要2次用新城疫Ⅱ系疫苗滴鼻；当雏鸡达3月龄时，再用新城疫Ⅰ系疫苗肌肉注射防御。

8. 雏鸡1日龄内饲育注意什么

一是做好准备：即在雏鸡未到鸡舍前，先将鸡舍预温，温度可升高到35～37 ℃，相对湿度控制在65%～70%之间，并将疫苗、营养性药物、消毒药、水、饲料、垫料和消毒设施准备齐全。

二是饲养密度合理：即在雏鸡进入鸡舍后，迅速上笼，安排好饲养密度。一般来说，平养的按每平方米20～30只、笼养的按每平方米50～60只饲喂。

三是及时喂水：即在雏鸡上笼后立即给水，以饲喂室温的凉开水为最佳，饮水中可加入5%的葡萄糖和0.1%电解多维[①]，每日饮水4次。

四是饲喂精料：雏鸡饮水4小时后，即可向料槽或料盘放料，应选用高蛋白水平的雏鸡开食料或强化料。粗蛋白水平不能低于19.5%，每天喂料4次。另外，特别注意不能断水，否则影响雏鸡生长。

五是全日照光：即应24小时给予雏鸡光照，光照强度10勒克斯左右。具体控制方法：由于刚出壳的幼雏视力弱，为了让雏鸡尽早熟悉环境、采食和饮水，要求给雏鸡提供光照时间长、强度大的舍内环境。鸡舍灯泡（白炽灯）的安装，应以靠近鸡群活动区域为好，高度一般距地面2.1～2.5米，灯泡间的距离应等于其高度的1～1.5倍。此外，为了获得较均匀的光照度，灯泡应交错设置，灯泡的瓦数以60瓦为宜，灯泡距离鸡体的高度一般在1.8～3.1米之间，如有灯罩可为2.5～3.1米，无灯罩的按1.8～2.2米设置。

注意千万不要让灯泡离鸡太近，避免发生啄肛、啄羽现象。

六是及时消毒：在进雏当日晚上，应将鸡舍地面用消毒药喷雾消毒，以达到增加舍内湿度、消毒地面和降低舍内粉尘的目的。同时，为了加大舍内湿度，可在火炉上煮水产生水汽，甚至直接在地面均匀洒水，以保持舍内湿度。

9. 2～3日龄雏鸡饲育注意什么

（1）光照时间：光照时间可掌握在22～24小时，光照强度

---

① 电解多维：主要用于疾病康复期的补充体质，转群、换料、天气变化时抗应激和促进生长等。

10 勒克斯上下，空气相对湿度在 70%上下为宜。

(2)及时防疫：可采用新支肾三联弱毒苗滴鼻点眼(用量为每只疫苗用于 2 头雏鸡)和颈部皮下注射新城疫疫苗(用量为每只雏鸡 0.3 毫升)，但应注意免疫当天绝对不能进行带鸡消毒。

(3)饮水中要停止使用葡萄糖，以减少雏鸡的糊肛现象。

10. 4～7 日龄雏鸡饲育注意什么

(1)光照时间略减：即从第 4 天开始，每天减少 1 小时光照时间。具体来说为：4 日龄 23 小时，5 日龄 22 小时，6 日龄 21 小时，7 日龄 20 小时。

(2)饮水和喂料每天 3 次，饮水可选用自来水，免疫前后两天不能使用。可根据雏鸡的健康状况，适当减少水中的电解多维剂量，但饲料的营养成分不能改变。光照强度的控制方法同第 1 天。

(3)舍温可下调 1～2 ℃，即保持 34～36 ℃，温度的控制方法同第 1 天。

(4)注意舍内的通风换气。一般通风前适当提高舍温 2 ℃左右，每天排风 3～5 次，特别是选用燃煤育雏的鸡舍，更应加强通风换气，以减少舍内一氧化碳和二氧化硫的含量，同时还要谨防煤气中毒。

(5)每天坚持清粪，而且从育雏第 4 天开始每天坚持带鸡消毒一次，消毒安排在清粪之后。

(6)第 7 天称重，一般抽取比例为 5%，看是否达到标准，依据体重适当调整每天饲料用量。

11. 8日龄雏鸡饲育注意什么

(1)光照时间可掌握在19～20小时，舍温可降至34～35℃，相对湿度控制在65%左右，光照强度适当减弱，可将60瓦灯泡换成40瓦灯泡。

(2)本日要及时断喙，以防止啄羽、啄趾、啄肛等，减少饲料浪费。断喙的位置：上喙从尖端到鼻孔1/2处，下喙剪断1/3，俗称“地包天”。

12. 9～10日龄雏鸡饲育注意什么

(1)光照时间每天减少1小时，即第9天为18小时，第10天为17小时。光照强度的控制可同第8天。

(2)给予充足的饮水和营养充分的饲料，适当增加通风量和通风的次数，一般以每隔2～3小时通风换气一次，有条件的鸡舍可采用机械自动控制通风。

(3)第10～15天之内，颈部皮下或胸部皮下注射禽流感疫苗(H5＋H9型)，每只0.5毫升。

(4)舍温控制在33～34℃，相对湿度以60%为宜。

13. 环境温度对蛋鸡产蛋量有什么影响

鸡缺乏汗腺，羽毛很厚，主要靠呼吸、鸡体蒸发和饮水排泄来散失体温。因此，环境温度是对鸡的健康和产蛋影响较大的因素之一，其影响的程度和鸡的年龄、品种类型而有关。

一般来说，如果环境温度过低，鸡的体温散失会相应加快，饲料的消耗也随之增加，寒冷加剧则其产蛋量明显减少，鸡体消瘦，同时容易感染疾病。如果环境温度过高，则鸡的体热的散发受阻，呼吸加快，饮水增加而食欲消退，经久则产蛋减少，蛋重减轻。相对低温来说，高温比低温对鸡的影响更大（详见“夏季高温对蛋鸡有什么影响”条）。

养鸡的实践表明，蛋鸡产蛋最适宜的温度是13～20 ℃。当环境温度达到25～29 ℃，鸡的产蛋率会下降，且蛋重小、壳变薄，呼吸次数开始增加。如果温度继续升高，超过29 ℃时，鸡会因过热而体质虚弱。相反，如果鸡舍温度低于5 ℃，产蛋也会显著减少；低于零下9 ℃时，鸡的活动显著迟钝，鸡冠发生冻红。

一般来说，蛋鸡饲养的环境温度，自雏鸡到产蛋期都有特殊要求，其不同日龄时的适宜温度指标是：1～3日龄为35～33 ℃、4～7日龄为33～32 ℃、8～14日龄为32～30 ℃、15～21日龄为30～27 ℃、22～28日龄为27～25 ℃、28～35日龄为25～20 ℃、36日龄为以上25～15 ℃。此指标可作蛋鸡养殖时参考。

14. 环境湿度对蛋鸡产蛋量有什么影响

蛋鸡饲育环境的相对湿度对鸡的体感温度、体温的散失和环境卫生均有影响。环境温度与湿度、通风等因素结合起来，可共同形成鸡的体感温度，即鸡实际感受的温度。冬季低温时，空气潮湿或通风加快，可使鸡体更感寒冷。夏季高温时湿度和通风不足，则鸡会感到更热。

一般来说，在上述适宜的环境温度范围，养鸡舍内的相对湿度应在40%～80%之内。如果湿度过大，会使鸡的羽毛污秽，特别是高温时，使鸡的蒸发散热受阻，体内积热，产生热射病。低温时，空气中水汽热容量及导热性增大，鸡失热过多，易受凉甚至冻伤。

因此，冬季养鸡应注意舍内保温，防止潮湿。夏季养鸡应注意舍内通风良好，做好防暑降温，鸡舍周围和活动场内应栽树或有遮阴设备。

15. 光照对蛋鸡生产性能有什么影响

家禽的生殖原本是完全季节性的，春天和夏天活跃，秋天和冬天休止。这种现象是由每天日照的时间造成的。如果每天日照在 12 小时以上，就会促进鸡的性成熟，接受这种光照刺激的部位其实并非眼睛，而是脑下垂体，光线只是通过眼睛和头颅而进入脑下垂体；双目全盲的鸡一样会感受到光线的刺激。光照对鸡的影响是通过光照时间和光照强度来实现的。养鸡可以利用的光照分为两种，一种是白天的自然光照，即日光。另一种是人工光照，就是在夜间给鸡补充光照或在密闭鸡舍内，以灯光给鸡照明。

研究表明，光照对蛋鸡的影响主要是：

一是影响鸡的性成熟：光照的时数（或称时间）长短可改变母鸡的开产日龄，如长时间的光照可促鸡早熟，反之则会延迟鸡的开产日龄。一般促进蛋鸡开产的光照时间在 11～12 小时内为宜。

二是影响蛋鸡的生产性能：足够的光照时间可刺激蛋鸡视觉细胞，从而引起一系列的性激素分泌活动；促使卵泡的发育和排卵。一般对产蛋母鸡光照时间要求达 16～17 小时，过长、过短都会对产蛋有影响。

不过，要切记对蛋鸡的光照时间只能增加(18 小时为限)不能减少；否则，蛋鸡以为秋天和冬天即将来临，本能地就会减产。

光照强度也和光照时间一样，对刺激鸡性成熟来说，有一个最小的值，日(光)照时间的最小值是 12 小时；日(光)照强度的最小值是 10.8 勒克斯，只要日(光)照时间在 12 小时以上，光照强度在 10.8 勒克斯以上，鸡就得到性成熟刺激。当然，如果要给予更多的刺激，光照时间就要逐步延长，但光照强度可以仍然保持 10.8 勒克斯。一般来说，在 0.37 平方米的面积上用 1 瓦灯泡(白炽灯)；或每 1 平方米面积上用 2.7 瓦的灯泡照射，即可达到 10.8 勒克斯的照度。

16. 如何调控蛋鸡育成阶段的光照条件

在蛋鸡的育成阶段，适宜的光照条件是蛋鸡产蛋的必要条件。适宜的光照条件，不仅能促进鸡性成熟，而且有利于蛋鸡高产。因此，光照时间、强度要随着鸡的生长而增加。为了确保蛋鸡优质高产，在蛋鸡光照管理上，应注意做到以下几点：

一要增加光照强度：通常在两排鸡笼之间的过道上方，每隔 3 米在距地面 2.5 米高处安装 1 盏 40～60 瓦的白炽灯泡，使其能照到每只鸡，消灭鸡舍光照死角。

二要制定科学光照程序：一般是按照鸡群的日龄制定光照程序，先将光照时数确定为 12 小时，以后每周增加 0.5 小时光照时间，直至增加到每天 16 小时的光照时数为止，此后可将光照时间固定为 16 小时。

同时，还要区分是开放式，还是密闭式饲养蛋鸡。如果是利用自然光照的开放式鸡舍，其雏鸡是从 4 月至 8 月份引进的，由于育成后期的日照时间是逐渐缩短的，可以直接利用自然光照，育成期不必再加人工光照，转入蛋鸡舍内时，每周增加半小时光照，直到增至 16 小时为止。但对于 9 月中旬至来年 3 月引进的雏鸡，由于育成后期光照时间逐渐延长，需要利用自然光照加人工光照的方法补充光照，以防止其过早开产。具体方法为：查出鸡群 18 周龄时的自然光照时数，其 10～18 周龄内的光照时数，即自然光照时间＋人工光照时间应与 18 周龄时的光照时间一样，18 周龄后再按产蛋期的要求增加光照。如果是密闭鸡舍饲养的蛋鸡，由于密闭鸡舍不透光，完全是利用人工光照控制照明时间，光照程序比较简单，一般一周龄为 22～23 小时，之后逐渐减少，至 6～8 周龄时降低到每天 10 小时左右，从 18 周龄开始再按产蛋期的要求增加光照。另外，在产蛋后期，大多数鸡群在 40～50 周龄左右时，鸡群应适当增加 1 小时光照，使光照达到 17 小时，但注意千万不能超过 17 小时。

三要确保灯泡清洁：鸡舍灯泡要保持干净，经常擦拭，以免影响光照强度，降低鸡舍光照效果。

17. 春末夏初如何调控环境气象条件使鸡多产蛋

一要合理补充光照：蛋鸡正常产蛋每天需要 16 小时的光照，但春季的自然光照时间一般不能满足蛋鸡生育需要，要及时人工补照。补照灯泡大小宜在 60 瓦以内，光照强度以每平方米 3～5 瓦为宜。灯泡距地面 2 米左右。一般采用灯罩聚光，灯距 3 米，使舍内各处光照均匀。通常每日早晨 5 点开灯,晚上天黑时开灯,21 点左右关灯,白昼可利用自然光照。

二要防寒保暖控制好温度:春末夏初天气逐渐转暖,但有时会发生倒春寒①天气。因此,防寒保暖仍是首要问题。鸡产蛋最适宜的温度是 18～23 ℃。如果鸡舍温度低于 5 ℃时,产蛋量会明显减少;鸡舍温度在 0 ℃以下时,蛋鸡就停止产蛋。同时,还要谨防冷应激,以免直接影响到蛋鸡的正常产蛋。所以,要注意收听收看当地气象信息预报,关注天气变化,及早采取措施保暖防寒,谨防鸡舍内气温剧烈下降,致使蛋鸡产生冷应激,导致产蛋率突然下降。

一般来说,鸡舍温度最好保持在 8～13 ℃。常用保温方法有:一是采用塑料暖棚饲养,但扣膜时要使塑膜与地面、墙的接缝处用泥土压实封严,以防贼风入侵。同时,还要注意及时清除塑膜表面的灰尘与水滴,使塑膜透光良好。二是在鸡舍北面,用玉米秸等作物秸秆设置防风障,以挡风防寒。三要供应充足饮水:水是蛋鸡生存不可缺少的条件,如果饮水不足,就会降低饲料报酬,导致产蛋量下降,甚至引起脱水或死亡。因此,天冷时要坚持饮温水,以利保持鸡体的体温。春天饮水次数一般白天饮 3 次、夜间饮 2 次。四要注意通风换气:为减少鸡舍内有害气体的产生,应每天及时清除粪便,保持鸡舍干燥清洁。如鸡舍内湿度较大,可每平方米地面撒 500 克左右过磷酸钙,能有效消除鸡舍内的氨气。对于平养鸡舍,还要注意控制饲养密度,一般每平方米饲养量不要超过 6 只。

---

① 倒春寒:是指初春(一般指 3 月)气温回升较快,而在春季后期(一般指 4 月或 5 月)气温较正常年份偏低的天气现象。

18. 春末夏初如何调整饲料使鸡多产蛋

在春季,要适当增加含热量较高的饲料,增加精料比例和蛋白质含量,并选用多种饲料搭配,保证饲料营养全面,要让所有的鸡都能均匀地吃到饲料。

具体来说,一要提供足量蛋白质。实践表明,蛋鸡产蛋高峰期间,母鸡对蛋白质的需要量随着产蛋率的上升而增加。一般来说,蛋鸡产蛋率每上升10%,其日粮中粗蛋白质含量要相应提高1%,到鸡群产蛋率达到90%时,日粮中粗蛋白质含量应为19%。

二要提供足够能量:蛋鸡的采食量主要与日粮的能量含量有关。能量高时食量少,能量低时食量多。食量过多或过少均会造成蛋白质的浪费或不足。一般来说,蛋鸡日粮中每千克饲料含代谢能2700～2800千卡①即可。

三要合理补钙:产蛋高峰期间,鸡对钙的需要量增加,日粮中钙的含量应由日常的3%提高到3.5%～4%。但日粮中钙的含量也不能过高,否则易影响鸡的食欲。

四要适量补充添加剂:产蛋高峰期间,每吨饲料中应添加多维素100克,维生素AD粉、氯化胆碱、蛋氨酸、微量元素生长素各1公斤。

19. 春末夏初如何给蛋鸡防疫

春末夏初是各种病原菌的繁殖季节,做好消毒防疫工作

---

① 1千卡≈4.18千焦。

十分重要。

鸡舍墙壁可用20%生石灰乳剂粉刷，地面可用2%氢氧化钠或0.2%～0.5%过氧乙酸溶液喷洒消毒，料槽、水槽可用0.1%的新洁尔灭溶液消毒。

一般应选在气温较高的中、下午进行消毒工作。粪便应及时清扫外运，并进行密封发酵。同时，应根据实际需要，进行诸如鸡新城疫、禽霍乱、鸡传染性气管炎等疫(菌)苗的免疫注射和驱虫工作。

驱虫应定期进行，并要选用广谱高效驱虫药如虫克星，每次每10千克体重用虫克星粉剂0.3克进行驱虫。

20. 如何调控鸡产蛋高峰期的环境气象条件

(1)温度

产蛋鸡需要的适宜温度是13～23 ℃，温度过高过低均不利于产蛋。要保持鸡舍有一个适宜的温度，在夏季应注意鸡舍通风。可通过加大换气扇的功率，改横向通风为纵向巷道式通风，使流经鸡体的风速加大，带走鸡体产生的热量。还可结合喷水洒水，适当降低饲养密度，以更有效地降低舍内的温度。

(2)光照

合理的光照能刺激排卵，增加产蛋量。生产中应从蛋鸡20周龄开始，每周增加光照时间30分钟，直到每天达到16小时为止，以后每天光照16小时，直到产蛋鸡淘汰前4周，再把光照时间逐渐增加到17小时，直至蛋鸡淘汰。

人工补充光照方法，以每天早晨天亮前效果最好(详见前文“春末夏初如何调控环境气象条件使鸡多产蛋”条)。

(3)湿度

产蛋鸡需要的最适宜相对湿度为60%～70%,如果舍内湿度过低,就会导致鸡羽毛紊乱,皮肤干燥,羽毛和喙、爪等色泽暗淡,并且极易造成鸡体脱水和引起鸡群的呼吸道疾病。如果舍内湿度过高,就会使鸡呼吸时排散到空气中的水分受到限制,鸡体污秽,病菌大量繁殖,易引发各种疾病,引起产蛋量的下降。因此,生产中可通过加强通风,雨季采用室内放生石灰块等办法降低舍内湿度;干旱季节,可通过空间喷雾法来提高鸡舍内的空气湿度。

(4)通风

不论鸡舍大小或养鸡数量多少,保持舍内空气新鲜、通风良好是此期蛋鸡饲养管理的重要措施之一。尤其在高密度饲养的鸡舍内,通风尤为重要。否则,通风不好,会使鸡舍内集聚大量的有害气体,如氨气、二氧化碳和硫化氢等,这些有害气体充溢于整个鸡舍,会影响鸡的正常产蛋并引发多种疾病。因此,生产中应在鸡舍的底部设置地窗、中部设大窗、房顶设戴帽的排气圆筒。夏季要全部开放,冬季可关闭中部大窗,仅留部分地窗和房顶的排气圆筒。也可在中部设排气扇,以便在冬季快速排出舍内污浊的空气。但在冬季通风时,要注意避免引起贼风或把舍内温度降得过低。

(5)饮水

蛋鸡缺水的后果往往比缺料更严重,水能参与鸡体的整个代谢过程,正常鸡蛋的含水量达70%以上,每只蛋鸡每天需饮水220～380毫升,饮水不足,至少可以降低2%的产蛋率;水质不良也能导致产蛋率和蛋的质量下降。因此,产蛋高峰期应供给符合饮用水标准的充足清洁的饮水。

(6)防应激

蛋鸡在产蛋高峰期，生产强度极大，生理负担较重，生活能力趋于下降，抵抗力较差，对应激的反应十分敏感。如遇应激，鸡的产蛋量会急剧下降，饲料消耗增加，死亡率上升，并且产蛋量下降后，很难恢复到原有水平。因此，要保持鸡舍及周围环境的安静，饲养人员应穿固定工作服，闲杂人员不得进入鸡舍；堵塞鸡舍的鼠洞，定期在舍外投入药饵以消灭老鼠；把门窗、通气孔用铁丝网封住，防止猫、犬、鸟、鼠等进入鸡舍；严禁在鸡舍周围燃放烟花爆竹；饲料加工、装卸应远离鸡舍，这不仅可以防止噪音应激，而且还可防止鸡群疾病的交叉感染。

21. 夏季高温对蛋鸡有什么影响

在炎热的夏季，高温对蛋鸡的生长、产蛋、蛋重、蛋壳品质、种蛋受精率及饲料报酬等都有较大影响。一般来说，蛋鸡产蛋的适宜温度为13～23 ℃，以13～16 ℃的温度范围内，蛋鸡的产蛋率最高，15.5～20 ℃饲料报酬最好，如果温度超过30 ℃，就会引起鸡生理和精神上一系列不良反应。

具体来说，高温环境对蛋鸡的主要影响：

一是影响采食量：生产实践表明，当环境温度在25～34 ℃之间时，温度每升高1 ℃，蛋鸡饲料的进食量会减少1.0～1.5克/日。当环境温度在32～36 ℃之间时，温度每上升1 ℃，蛋鸡的采食量会减少4.2克/日。

二是影响产蛋量：当高温袭击时，生存要求散热，这便引起一系列反应——心跳及呼吸加快。这些生理反应需要能量。能量只能来自蛋白质、碳水化合物及脂肪分解。能量用于应激便不能用于产蛋，因此，在高温应激的状态下常见产蛋量下降。

三是影响营养物质的消化:环境温度影响蛋鸡消化道蠕动及消化酶的分泌,从而改变食糜排空速度,影响饲料的消化。高温应激状态下,肠道蛋白酶及淀粉酶活性降低,可能主要是酶分泌量减少所致。

四是影响营养物质的代谢利用:当鸡处于热应激区时,由于采食量及生产受到抑制,鸡不需产热维持体温,机体总代谢较低。但鸡在驱散体内余热过程中,需要增强代谢反应,因此,体内营养物质代谢强度要高于在温度适中区的代谢强度。即随环境温度升高,饲料的代谢能值下降。

22. 高温季节如何提高种鸡蛋受精率

在高温季节到来之前 30 日左右,应加强对种公鸡、种母鸡的慎重细致选留,淘汰不合格的种鸡。即依靠优质种鸡和高产蛋鸡来提高鸡蛋的受精率。

对于种公鸡来说,应选留体重合乎标准,鸡冠、肉髯发育良好,雄性特征明显,性反应快,体质和健康状况良好的留作种用,并根据公鸡精液检验结果,选留精液量大、精子密度高、活力强的公鸡。淘汰那些精液量少、精子数量少、精子活力差和死精、无精、畸形率高、性反应差的公鸡。

对于种母鸡的选留,应结合拣蛋和翻肛来进行。具体方法:每天用粉笔在食槽上记录每笼产蛋个数,连续 3～5 天,将产蛋率低于鸡群平均产蛋率的鸡作为重点观察对象。每天上午 7:00～9:30,重点接触可疑鸡,3 天以上无蛋即可淘汰。

23. 高温期如何调整日粮缓解应激提高种鸡蛋受精率

(1)增加蛋白质

高温季节通过添加植物油或改用全脂大豆,使饲料能量高出标准5%～8%,这样不但能增加鸡能量,而且对蛋鸡抗热应激能起到缓冲作用。

(2)增加维生素及微量元素

加大种鸡日粮中多种维生素及微量元素的含量,特别是脂溶性维生素A、D、E的补充,能获得较高水平的精液质量和精液量。但对种母鸡的日粮,应适当降低磷的含量,通过添加一半颗粒钙和一半石粉来保持血液钙离子的浓度,使钙、磷比例在高温季节趋于合理,能使蛋壳质量得到显著改善。

(3)添加药物

高温季节在每千克饲料中加入维生素C 200毫克、维生素E 30毫克;添加100～150毫升杆菌肽锌;添加0.2%～0.5%碳酸氢钠、1.5%的氯化钾以及中草药抗热应激添加剂,都可以较好地缓解种鸡的热应激,维持鸡体酸碱平衡,从而提高种鸡的抗热应激能力和鸡体抵抗力,改善新陈代谢,使种蛋的受精率得到提高。

24. 高温季节如何为种鸡降温提高种蛋受精率

(1)搭建凉棚

在鸡舍向阳面,可搭一与鸡舍两侧高度相同、宽1米多的凉棚，上用草苫子覆盖，形成一定面积的遮阴区，以防阳光直射。鸡舍两侧可种植藤蔓植物，如爬山虎、牵牛花、丝瓜子等。也可在鸡舍两侧空地上栽树，用树冠遮阴。

(2)洒水或喷雾降温

鸡舍内也可安装高压喷雾器，在中午最炎热时进行喷雾降温。喷雾用水最好用预冷水(深井水加冰块)，在非免疫时间可同时加入消毒液。喷雾时要注意调节喷头，尽量提高水的汽化程度，降低喷出水呈微滴状态的量，以通过水分的蒸发来降低舍温，又不至于使舍内潮湿。

(3)降低饲养密度

炎热季节要降低饲养密度，给鸡创造一个舒适的环境。一般要求每平方米饲养3只鸡为宜。

(4)加强通风换气

炎热天时，要打开排气扇、吊扇等通风设备，最大限度地增加舍内空气的流通量来降低舍温。但当外界气温过高时，单靠增加风速和排气量是不能达到理想效果的，还需配合其他降温设施来降温。

(5)保证饮水

夏季高温季节鸡的饮水量明显增加，因此必须保证饮水供应，最好是供给清洁卫生的深井水，或设法将调节器饮水温度调到16 ℃以下，或在贮水桶中放入冰块来调节。

(6)减少热辐射

鸡舍周围不要用水泥硬化地面，已硬化的，可铺草苫子，并泼水保持湿润，减少热辐射。还可移走鸡舍周围的金属、橡胶制品等，以减少热辐射、影响空气流动。

25. 高温季节如何做好种鸡防疫提高种蛋受精率

夏季高温高湿，细菌繁殖速度加快，而应激反应又促使一些疾病发生，进而影响受精率。因此，种鸡场在夏季高温季节应注意做好环境卫生、防病治病的工作。

一要及时清除剩料，防止饲料发霉变质；定期刷洗料槽和水槽；

二要及时清除粪便，保持室内干燥通风；

三要对鸡舍墙壁、产蛋箱等要定期喷洒灭虫剂以消灭蚊蝇，定期使用不同的消毒药物，交替进行喷雾消毒，既杀灭病原体又降低舍温；

四要对饲养工具和工作服，按时清洗消毒，避免交叉传播疾病；

五是还可应用一些广谱抗菌药物来预防或治疗种鸡一些疾病；同时注意一些药物如磺胺类药、某些球虫药以及一些疫苗等对受精率的影响。

另外，还可通过规范化人工授精来提高受精率。即必须严格按照标准化的操作规程办事。在操作中特别要注意输精部位要准确、严防精液污染和种公鸡交配器感染、种母鸡输卵管炎症的发生。

26. 高温季节如何调控环境气象条件保蛋鸡稳产高产

鸡无汗腺，体内余热只能靠呼吸和排泄散热。因此，鸡不耐高温和高湿。一旦出现体温升高，呼吸和心率加快，体内二氧化碳的呼出量明显增加，血液中 pH① 值随之上升，时间长了会出现呼吸性碱中毒致死。因此，夏季炎热季节，必须加强饲养管理，使蛋鸡处于最佳的生产环境，确保蛋鸡夏季也能高产、稳产。具体措施有：

(1)降低舍内温度。当气温超过 29 ℃时，产蛋量下降 17%左右。超过 32 ℃时，产蛋量急剧下降，严重的会停止产蛋。气温再升高，鸡会中暑，严重的导致死亡。对于大多数采取笼养的蛋鸡，可据鸡群大小，在鸡舍内安排风扇。也可按时用凉水喷雾降温。

(2)保持舍内适宜的湿度。产蛋鸡适宜的相对湿度是 50%～55%，若大于 72%，鸡体余热难以散发，易发病。若湿度低于 45%，鸡舍内粉尘大，易患呼吸道病。因此，要严格控制舍内湿度，阴雨天可放生石灰、草木灰等来降湿。湿度低时，可在舍内喷洒凉水等来增湿。

(3)保持适宜的饲养密度。由于鸡体散热能使舍内温度升高，因此，夏季蛋鸡的饲养密度应小于其他季节。笼养每平方米不宜超过 10 只。

(4)保证充足饮水。饲养环境温度较高时，鸡主要靠水分蒸发来散热，饮水不足或水温高，会使鸡的耐热性下降。因此，必须给鸡饮用清洁凉水，并延长给水时间，刺激采食。

(5)采取早晚给料。炎热夏季宜早晚天气凉爽时给料。同时，要注意防止剩余饲料发生变质，影响食欲和引起消化道病。饲养用具要经常消毒，饲料要保持新鲜。

---

① pH 值是溶液酸碱程度的衡量标准。通常情况下，当 pH<7 的时候，溶液呈酸性；当 pH>7 的时候，溶液呈碱性；当 pH=7 的时候，溶液呈中性。

(6)合理光照。高温时要适当减少产蛋鸡的光照时间,夜间气温较低时,安排 2 小时光照,可解决鸡在白天高热条件下采食不足的问题。也可采取间歇光照,来提高产蛋率。

(7)保证舍内空气流通。夏季舍内温度高,加上鸡饮水量大,粪便稀,如不及时换气,舍内的氨气、硫化氢、二氧化碳等有害气体的浓度就会加大,影响鸡的健康和产蛋。因此,必须加强舍内通风换气。方法有:墙壁开高低窗口通风降温。还可安吊扇、排气扇、喷雾系统、水帘等防暑降温。

(8)粪便堆放要远离鸡舍,发酵处理。

27. 高温季节如何饲喂蛋鸡促稳产高产

在炎热高温季节,蛋鸡的食欲明显下降,采食量随之减少,能量摄入显著不足。不仅使鸡的机体新陈代谢降低,子宫、卵巢的血流量减少,影响产蛋率。同时,还会出现蛋小、壳薄脆、表面粗糙,蛋的破损率提高等。对于种鸡,其受精率会下降,体重相应减轻,死亡率增多。因此,必须及时进行饲粮调整。具体方法:

(1)采用高能量、低蛋白日粮和补加限制性蛋氨酸配方,以解决采食量下降造成的能量不足的问题。同时,降低高蛋白质对肾脏的负担,降低禽舍空气中氨气浓度。

(2)适当添加矿物质。如气温在 27 ℃以上时,应按每只鸡 0.3 克小苏打添加量,在中午饲料中拌匀,一次投喂,可提高产蛋率,增加蛋壳厚度。同时,也可在水中补充 0.2%的氯化钾、0.3%的氯化铵或在日粮中添加 0.4%的氯化钾、0.5%氯化铵、0.5%的碳酸氢钠,可有效地缓解热应激,提高产蛋率。在低钙的粮中添加牡蛎壳,可增加蛋鸡的采食量,明显改善产蛋量和蛋壳品质。

(3)增加维生素给量。蛋鸡产生热应激后，机体的合成能力下降，对维生素尤其维生素C的需要量增加，在日粮中添加0.03%维生素C和适量的维生素E、维生素A、维生素B_{12}等可明显抑制鸡的体温上升，提高蛋鸡的采食量及产蛋率，降低蛋的破损率和料蛋比。

28. 高温季节如何给蛋鸡防疫确保高产稳产

(1)严格执行消毒制度。不论鸡场规模大小，舍内都要定期消毒。大门、生产区、鸡舍门等重点消毒，还要配消毒池、消毒盆、淋浴室、更衣室等，并定期更换消毒液。

(2)净道和污道分开。运料、工作人员出入走净道。运粪、运淘汰鸡、处理病死鸡、卖商品鸡走污道。道内要经常清扫消毒。道两边栽树、种草绿化。

(3)按时接种疫苗。根据本地区和本场鸡病发生情况科学地制定免疫程序，在鸡群开产前，将各种传染病疫苗按免疫程序及时免疫接种。有条件的要进行免疫效果监测，对免疫效果差的鸡群要进行重免。

(4)无害化处理死鸡。病鸡应及时隔离治疗，死鸡必须及时进行无害化处理，严禁乱扔乱放。

(5)夏季要特别抓好杀虫、灭鼠、灭蚊蝇工作，防止寄生虫、昆虫危害鸡群健康。

(6)严禁参观。禁止一切场外人员进入鸡舍参观，必要时要更换工作服、鞋，并经严格消毒后方可入内。

(7)发病应及时诊治。注意观察鸡群，防止夏季常见病、流行病的发生。一旦发现病情应及时救治。特别是当传染病暴发时应尽快控制疫病流行，必须采取上报、隔离、封锁等措施，确保鸡群健康，高产稳产。

当然了，在夏季饲养蛋鸡选用适宜品种，也是确保蛋鸡稳产高产的措施之一。一般来说，在夏季较长地区，可选择饲养轻型鸡种进行饲养。轻型蛋鸡比大中型鸡采食量少15%左右，蛋重相对较小，但产蛋率基本相同，饲料转化率高。同时耐热性强，适合炎热地区饲养。

29. 炎热夏季蛋鸡为何易中暑

炎热夏季，鸡抵抗高温的措施主要有两条：一是通过提高体表散热来加大散热，二是通过减少饲料消耗或停止产蛋来减少产热。

然而，现代饲养的良种鸡夏季不休产，所以产生的热量也多；同时，因夏季产蛋不脱毛，会严重妨碍鸡体散热；再加之鸡的个体偏大、饲养密度高在一定程度上也妨碍了散热等。另一方面，夏季每天的10:00～17:00是气温较高时段，而每天17:00～18:00时段内蛋鸡的体温调节功能已经发挥至极限，其体温已升至蛋鸡热休克的临界温度(45.5 ℃)，此时若管理措施不到位极易发生中暑现象。具体表现：处于中暑状态的鸡主要表现为张口呼吸、呼吸困难，部分鸡喉内发出明显的呼噜声，采食量严重下降；部分鸡绝食，饮水量大幅度增加，精神委靡，活动减少，部分鸡卧于笼底，鸡冠发红，体温高达45 ℃以上。

一般来说，蛋鸡中暑多发于环境温度超过32 ℃，通风不良，卫生条件差的鸡舍中。当舍温超过37 ℃时，可迅速导致蛋鸡中暑，造成大批蛋鸡死亡。具体表现为24～29 ℃饲料消耗稍微减少，蛋变小，蛋壳质量变差；29～32 ℃饲料消耗稍微减少，鸡开始喘息；32～37 ℃鸡就会出现生理及精神上的一系列不良反应，发生中暑的危险，轻则影响生长和产蛋，重则可迅速中暑死亡；37 ℃以上，可能发生虚脱，必须采取紧急措施进行降温，否则鸡会死亡；47 ℃是鸡的致死温度，而当鸡体产热大于散热，热量在体内蓄积，使体温上升，最高上升到57 ℃时，鸡必然死亡。

30. 炎热夏季如何预防蛋鸡中暑

一是降低舍温，加强通风，改善环境条件。午后用深井水对鸡群、鸡舍多次喷洒降温，如炎热的中午在鸡舍内外喷洒凉水，可使温度降低 6～7 ℃。打开门窗，使鸡舍温度对流，安装必要的通风设备。简易的鸡舍房顶要遮阴，避免阳光直射。鸡舍周围种树、藤蔓植物、草坪、作物等，易于水汽蒸发，降低温度、湿润空气、减少尘埃，在树生长过程中必须修剪，让树冠高出鸡舍屋檐，减少阳光直射。

二是供清洁饮水。炎热夏季，饮水绝对不能间断，可在水中添加水溶性维生素，尤其是维生素 C 的含量，能明显抑制鸡的体温升高，并能提高产蛋率、降低破蛋率。也可在饮水中添加清凉防暑药物，如藿香正气水、十滴水等。

三是加强饲管。首先降低鸡群的饲养密度，一般在盛夏来临之前，根据饲养方式结合转群、并群、淘汰进行一次疏群，密度过大不利于体热的散发，容易导致中暑。一般来说，饲养密度可由每平方米 7～8 只减为 3～4 只，笼养可由原来一笼 5 只减为 3 只。其次适当调整饲料中必需脂肪酸的比例，可增加粗蛋白 1%～2%，适量添加贝壳粉和食盐的含量。改变饲喂时间和方式，避开高温时间喂食，可在早晚凉爽时饲喂，白天可加喂青绿多汁饲料。要及时清粪，减少有害气体。结合舍内降温，每周鸡舍至少带鸡消毒两次，以杀灭病原微生物。另外，要及时扑灭蚊蝇，防止其骚扰鸡群和传播疾病。

四是适度使用中草药。使用天然中草药中的补虚类药，可增强抵抗力，目前用于鸡抗热射病的中草药有：黄芩、石膏、柴胡、钩藤、地龙、酸枣仁、朱砂、五味子、人参、党参、海藻、刺五加、甘草等。此外，一些微量元素如碘、硒等可使热应激的鸡免疫力加强，添加某些抗生素也可减少鸡的中暑。

31. 炎热夏季蛋鸡中暑的应对措施

一是发病时的应急措施：①将患鸡挑出，用清凉井水淋浸鸡体降温，并转至阴凉处精心护理；②抽取地下水冷却屋顶，进一步降低鸡舍温度；③将鸡舍中部分鸡移至空栏处，降低鸡群密度。通过以上方法，发病鸡只大约10%恢复健康。

二是发病后采取的预防措施：①可采用加压自动喷雾系统，在早上10点至22点进行间断性喷雾降温；②严密监控饮水系统，确保种鸡有充足、凉爽的饮水；③注意清理鸡舍周围妨碍通风的阻碍物，保证空气流通；④配合采取药物防治。

32. 伏天高温期养鸡注意什么

由于受季风气候影响，我国大多数地区，三伏季节里易出现闷热高温天气，特别是狂风暴雨、雷电交加的天气，因此，除要做好上述所讲的防暑降温、调整好日粮和防疫工作外，还要注意防御舍内温度突变，特别是雷阵雨天气，要避免雨水浸湿舍内垫料，淋湿鸡群，以免产生应激反应。同时，在蛋鸡产蛋要求的16～17小时的光照时间内，尽量缩短光照时间，使鸡能充分休息、增强体质，以利蛋的形成。

33. 高温季节如何调控环境气象条件减少鸡蛋破损

一是控制好舍内温度、湿度，提高蛋壳硬度。高温可以导致蛋鸡采食量下降，营养素摄入量降低，同时影响钙盐的沉积，从而使蛋壳的品质下降，皱皮蛋增多。在高温环境下，可通过在鸡舍内放置冰块，用湿帘或用冷水喷雾降温。蛋壳的硬度还与湿度有关。湿度越大，蛋壳的硬度越小，鸡蛋破损率也越高。

二要安装通风机械。保持鸡舍内通风良好，不留死角。产蛋鸡在高温环境下，呼吸活动加强，呼出更多的二氧化碳，一方面导致呼吸性碱中毒；另一方面，由于血液中碳酸钙减少，导致壳腺分泌减弱，碳酸钙沉积减少，蛋壳不能充分形成，因而蛋壳变薄，强度降低。另外，粪便清理要及时，减少鸡舍内氨气和硫化氢对鸡的刺激。

三要减少各种应激和噪音。添加多种维生素，可以减少热应激，特别是维生素C能够促进骨骼中矿物质的代谢，增加血浆钙浓度。如在蛋鸡每千克日粮中添加200～400毫克维生素C，就能缓和热应激影响，提高采食量，降低血液中的皮质酮浓度，增加骨骼中钙的利用，使产蛋率明显提高，蛋的硬度增大，破损率降低。

同时，在高温应激条件下，产蛋鸡的采食量减少，产蛋率下降，破损率也会增加。因此，改善饲料中的营养成分，维持鸡体体热平衡十分重要。

34. 高温季节如何通过饲喂来减少鸡蛋破损

一要防止鸡只惊群，避免产生应激。固定工作程序：开灯、喂料、饮水、清粪、刷洗、消毒定时进行，防止打乱"生物钟"。防止惊群：饲养员在舍内的各项工作要小心，防止动作粗暴，避免噪音干扰，减少抓鸡次数，降低鸡的恐惧感，增加中午休息时间。

二要增加饮水量和次数。夏季气温高，鸡饮水量增加。要比冬季耗水量增加 2 倍左右，是采食量的 5 倍左右，因此必须保持水量充足、清洁，杜绝断水。供以充足的饮水，既是满足鸡体产蛋的需要，同时也可通过多饮水以缓解热应激。

三要适当增加捡蛋次数。鸡只产蛋高峰在日出后 3～4 小时以内，下午产蛋量只占全天总量的 20%～30%，故应早上捡蛋至少 2 次，下午至少 1 次，才能有效减少破蛋数量。

四要加强饲养员的工作责任心。蛋应小心轻拿轻放，严格分等、分开码放。最好用蛋托收集、装箱运输的方法，以有效防止蛋在搬运中的破损。

35. 秋季如何为蛋鸡强制换羽

产蛋的鸡群经过盛夏高温，营养消耗很大，体质明显下降，大部分开始换羽停产。但自然换羽时间长、效益低。如实行以强制换羽为重点的秋季饲养管理办法，就可提高鸡的生产效益。人工强制换羽的方法有以下 2 种：

一是采用限料、限水及控制光照等方法，促使鸡群新陈代谢紊乱，营养供应失调，从而达到鸡群同步换羽，休产期两个月左右，然后同步重新产蛋，这样可提高产蛋量9%～12%。

二是用化学与饥饿相结合的方法强制换羽，效果更好。方法是断水、断料两天半，同时停止补充光照，而后供水和饲料少量，第三天开始使其自由采食含有2%的硫酸锌的产蛋料，从第10天起喂正常产蛋鸡饲料，并恢复补充光照，这样可使鸡群停产换羽。

同时，要加强蛋鸡换羽期间的饲养管理。

（1）调整饲料与饲养。一般在鸡换羽期间，要防止其饥饿时采食垫草、砂土、羽毛等物，恢复给料时应逐步增加数量，并提供足够的采食量，使鸡能同时吃到饲料，避免过食和偏食。日粮中钙应增加到3%～4%，同时供给足够的维生素B、青饲料和发芽物等，并给足饮水，换羽后日粮中应增加比例和蛋白质含量，也可加1%左右的硫酸钙（生石膏）粉和补充优质青料。光照逐渐增加到14～16小时。

（2）整编鸡群、淘汰劣鸡。由于鸡产蛋量每年递减大约15%～20%，故对延长使用年限的鸡群，必须在换羽期间及时检出和淘汰病鸡、低产鸡，以降低饲养成本，提高生产效益。

（3）卫生与防疫。在换羽期间，根据实际需要，可进行诸如鸡新城疫、禽霍乱、鸡传染性喉气管炎等疫苗的免疫注射及驱虫工作。圈舍进行彻底清扫，墙壁用20%生石灰乳剂粉刷，墙、地等用2%氢氧化钠或0.2%～0.5%的过氧乙酸等溶液喷洒消毒。饮具、饲具等用2%～3%来苏水或0.1%新洁尔灭溶液消毒。

36. 秋季如何饲养管理蛋鸡

一是淘汰老弱病残鸡。即要及时将鸡群中的低产鸡、停产鸡、体弱鸡、软腿鸡以及有严重恶癖、产蛋期短、体重不标准(包括体重过大或过小)、发病但无治疗价值的鸡淘汰,以降低饲养成本,提高生产效益。

二是实行人工换羽。每年秋季产蛋鸡开始停产换羽,在自然条件下,蛋鸡换羽时间长达 4 个月左右。在换羽期间不仅鸡群的产蛋量大大降低,且因不同蛋鸡的换羽时间有早有晚,换羽后重新开产时间也有先有后,鸡群的产蛋高峰期来得晚,给饲养管理带来很多不便,所以,实际生产中必须实行人工强制换羽(具体方法详见《秋季如何为蛋鸡强制换羽》条)。

三是注意补充钙质。一般来说,蛋鸡每产一个蛋需要消耗钙质 4～5 克,若产蛋期摄入的钙质不足,不但易患软骨病,而且还影响蛋壳质量和产蛋率,应从鸡群开产前两周或产蛋初期开始补钙。产蛋鸡日粮中钙的含量以 3%～3.5%为宜,在每日的 12～18 时给鸡补钙效果最佳。因为,此时吸收的钙质被吸收到血液中后,可直接用于夜间的蛋壳形成。在补钙的同时还要注意确保饲料中的钙、磷比例平衡(一般比例范围应为 2∶1),并补充维生素 D_3 和维生素 C,以提高蛋壳的硬度和鸡群的产蛋量。生产中,可通过在日粮中添加一些贝壳粉、碳酸钙或蛋壳粉来达到补钙的目的,也可将贝壳粉加工成绿豆粒大小的颗粒放入料槽中,让鸡自由采食,有条件的最好使用商品高钙蛋鸡料。

四是延长光照时间。蛋鸡在产蛋高峰期需 16～17 个小时的光照。入秋以后,自然光照时间逐渐缩短,已不能满足蛋鸡生育需要，需要人工补充光照。补充光照的强度：以每平方米地（架）面 3 瓦为宜，可将带有灯罩的 40 瓦灯泡悬吊在距地面 2 米的高处，灯与灯之间距离约为 3 米。若鸡舍内需安装多排灯泡，最好交错分布，以便使舍内各处的光线照射均匀。每天早、晚两次开灯，第一次在早晨 4～5 时开灯，至天亮时关灯，第二次在天黑时开灯，至 20～21 时关灯。若遇阴雨少光天气，白天也要开灯。人工补充光照要有规律，要按时开灯、准时关灯，并持之以恒，切不可忽早忽迟、忽长忽短、时断时续，以免影响产蛋。开灯前要备好饲料和饮水，以便开灯后让鸡能马上开始采食和饮水，以防止惊群。有条件的养鸡户可用禽舍光线程控设备来控制鸡舍的照明。

五要适时驱虫。蛋鸡极易患寄生虫病，造成鸡体消瘦、产蛋率下降。秋季新鸡处于开产期，老鸡处于换羽期，此时正是驱虫的最佳时期，可选用以下药物进行驱虫：①盐酸左旋咪唑。在每千克饲料或饮水中加放药物 20 克，让鸡自由采食或饮用，每日 2～3 次，连喂 3～5 日。②驱蛔灵。每千克体重用药 0.2～0.25 克，拌在料内或直接投喂均可。③虫克星。每次每 50 千克体重用千分之二虫克星粉剂 5 克，内服、灌服或均匀拌入饲料中都可以。④复方敌菌净。将药物按 0.02％的比例混入饲料或饮水中，连用 3～5 天。给鸡驱虫期间要及时清除鸡粪，同时对鸡舍、用具等进行彻底消毒。

37. 冬季如何为蛋鸡防寒除湿

蛋鸡饲养的最适舍温为 16～21 ℃。当舍温低于 5 ℃，产蛋率下降；低于 0 ℃时显著减少。同时，舍温过低，会导致耗料明显增多。另一方面，冬季蛋鸡的饲养环境潮湿，也会给蛋鸡生产造成一定影响。因此，冬季蛋鸡的饲养管理应以防寒保暖、防潮除湿为主。

(1)防寒保暖：入冬前应堵塞迎风口面的窗户，南窗装好玻璃或塑料薄膜；随时检查四壁及屋顶，修补除换气孔窗以外的所有孔洞及裂缝；出粪口要安装插板，以利挡风御寒，严防冷风直接袭击鸡体或使舍内局部温度变冷，导致舍内温度迅速下降；夜间在南窗口和门口挂上厚草帘，以利保温；白天放鸡前应先打开门窗，待舍内温度与外界温度适应时再放鸡。另外，有条件的可采用塑料棚舍增温保暖。简捷经济的方法是在屋顶上加一个夹层，或在离地 2 米处，横架竹竿，铺上草帘或塑料布，以利保温，草帘或塑料布要留有几处适当大小的活动通气窗，以利通风换气。

(2)防潮除湿：潮湿不利于鸡舍保温，因而冬季更应注意保持鸡舍干燥。笼养鸡舍的粪便应勤清除。舍内水龙头应随手关紧，以免淋湿鸡体，加大体热散发。平养鸡可采用厚垫料的保温方式，垫料可采用切碎的麦秸、稻草、玉米秸、锯末、刨花、稻壳等。铺设厚度开始以 10 厘米为宜，以后逐渐增加，第二年开春后全部清除；也可采用勤晒、勤换的方法。总之要保持垫料干燥，千万不能让鸡卧在潮湿的垫草上，以免加大体热散发，下腹部受寒，易导致生殖机能减退，使产蛋量下降。下雪天要及时清除舍外及运动场上的积雪，避免场内结冰，以利干燥和保温。

38. 冬季如何为蛋鸡补充光照

光照具有刺激产蛋的作用，冬季昼短夜长，而产蛋鸡要求每天光照时间达 15～16 小时，可采取人工补充光照的方法来满足其需要，一般按每平方米3瓦计算，用15瓦的灯泡悬挂于离地面1.5～2米高处，采取早晚2次开灯，即每天早5点开灯至天亮，晚上开灯至20点。

另外，要注意的是，补充光照时间一经确定，就要准时开、关灯，持之以恒，切不可时断时续。

39. 冬季饲养蛋鸡如何通风换气

冬季为了保温常使鸡舍处于密闭状态，以减少冷空气的入侵。然而，蛋鸡的新陈代谢比较旺盛，易使密闭式鸡舍空气变得浑浊，氨气和硫化氢等有害气体浓度增加，影响鸡体健康和容易发生呼吸道疾病。一般来说，如果饲养人员进入鸡舍感到有氨气刺鼻时，就必须立即采取措施适当换气。

日常管理上，要把防寒保温与通风换气有机地结合起来，及时排除滞留在鸡舍内的氨、硫化氢及二氧化碳等有害气体，换进新鲜空气。具体方法是：一般天气，可敞开上部换气窗；严寒天气，可在中午较暖和时打开气窗进行换气。换气时间：晴天，一般可在中午前后断续开窗换气数次，每次约10～30分钟即可。或者选晴朗无风之日，在中午最暖时将鸡群短时间赶至避风向阳处，让鸡作适当运动与日光浴，时间视气温情况灵活掌握。另外，还要在开窗通风换气时，及时打扫圈舍卫生，更换垫草等。

40. 冬季蛋鸡如何饲喂

冬季气温低，鸡体热能消耗大，采食量相应增加，为满足鸡群自身消耗和产蛋需要，日粮中粗蛋白质含量宜保持在

16%左右，投喂量可视情况增加 5%～10%。具体依产蛋量确定。

冬天产蛋鸡应喂干料，饮温水。如喂湿料，则应用温热水拌料，保持一定的料温，并于每次食后清理饲槽，严防饮料和饮水结冰。每晚添喂夜食一次，不仅可使蛋鸡增进热能的摄入和有助于御寒，而且缩短了鸡群在寒夜中空腹的时间，有利于提高产蛋率。

另外，还要谨防各种疾病：后备母鸡阶段必须按适宜的科学免疫程序进行免疫接种，根据母鸡的具体情况有针对性地改善饲养管理和环境卫生，适时投放预防药物，及时对发病鸡进行检查、诊断和隔离治疗，妥善处理病死鸡。随时留意附近场地疫病发生情况，以便及时采取相应的预防措施。

41. 秋末冬初饲育雏鸡如何调控温度

秋末冬初育雏必须采取全封闭式管理，避免禽舍间工作人员及器具流动交叉，舍内的采暖设备要在鸡进场之前保证鸡舍温度升至 35 ℃左右，饲养人员要细致观察鸡的行为，了解鸡的冷热表现，根据需要进行短时通风（一般一次不超过 2 分钟），冷风不能直接吹到鸡体，以后随着鸡日龄的增加，舍内温度平稳下降，每周下调约 2～3 ℃，直至雏鸡的绒羽被幼羽替代后，温度可降至 18 ℃左右。

此后，雏鸡随日龄增加稳步降温。一般来说，7 周龄以后的雏鸡，虽然有了一定的体温调节能力，而且对外界环境的适应能力也有所提高，但面对较低的夜间外界环境温度，其很难适应，极易造成鸡群体质下降，暴发疾病。为了减少转群前后温度对鸡群的应激，在这个时期，转群前 1 周应根据鸡群的体质开始加大降温幅度，使育雏舍温度降至16～18 ℃，称为“低温锻炼”。而此时，育成舍有暖气的要开始适当供一些暖气，没有暖气设施的也应使用煤炉供暖（注意避免煤气中毒），使转群后前3天，育成舍和育雏舍的温度基本持平，然后根据鸡群的日龄和外界温度逐步降温，但最低不能低于13 ℃。

常用保温方法有：

(1)在冬季到来之前，对鸡舍进行一次全面的检查与检修，堵死墙壁裂缝，封堵迎风口的窗户，屋顶废弃的风帽要进行封堵，但注意要留好通风排气孔，同时还要搞好供暖设备的准备与安装。

(2)冬季到来后，要把门窗用草帘进行遮围，出粪口要安装插板，以利于挡风御寒，严防冷风直接袭击鸡体或使舍内局部温度变冷，导致温度迅速下降，夜间要注意在南窗口与门口挂上厚草帘，以利于保温。

(3)舍内潮湿容易为细菌提供滋生的环境，因而冬季更应注意保持鸡舍的相对干燥。鸡粪一定要做到日清日洁，防止舍内氨气浓度过大。还要防止鸡的羽毛被乳头饮水器或水槽内的水弄湿，增加鸡体热量的蒸发。此时更应注意防止冷风或者贼风直吹鸡体，导致疾病的发生。

另外，还要注意把握好大风、降温、下雪时，使鸡舍温度高些；夜间鸡舍温度比白天要高些；免疫后两天鸡舍温度要高些；发病时鸡舍温度要高些；日龄小的比日龄大的鸡舍温度要高些。

42. 秋末冬初饲育雏鸡如何通风换气

(1)在鸡舍氧气充足、空气不污浊的前提下，尽量使舍内温度维持在雏鸡的最适温度范围内。且保证舍内前、中、后温度的均匀性以及温度变化幅度的最小化;在保持舍内空气清新,供给最小通风量的前提下尽量减少排风量,减少舍内热量散失。

(2)冬季鸡舍密闭较严,鸡舍内有大量的有害气体产生,如忽视通风可以诱发鸡的慢性呼吸道病,传染性支气管炎,传染性喉炎,传染性鼻炎,大肠杆菌感染等。所以对于冬季雏鸡的饲养管理来说,保温与通风同等重要,也可以在舍内适当放置一些木炭,用来吸附有害气体。

(3)当冬季舍外温度下降到-5 ℃以下时,鸡舍的通风就应当完全以换气为主,保证最小通风量,舍内以不闷为宜,每天应适当打开天窗换气或设置排风机进行排风,但要严防贼风,舍内风速以每秒0.1米为宜。

另外,冬季温度、湿度低,是呼吸系统传染病的流行季节。因此,通风换气的同时还要搞好环境消毒。

封闭鸡舍每天坚持带鸡消毒,舍外环境可使用生石灰进行定期消毒,料盘、饮水器等用具要根据情况进行定期清洗消毒,饮水管每月至少用高锰酸钾消毒一次,浓度为100 ppm(浓度单位,即百万分之几,如1 ppm就是100万分之1,下同),切实做到防患于未然。

43. 冬季养鸡如何预防应对冷应激

冬季气候寒冷,鸡易受凉,产生冷应激。应激使鸡只产蛋量下降,饲料转化比降低,甚至发生呼吸系统疾病。若舍温过低,如日最低气温低于0 ℃,还会冻伤鸡冠、肉垂和鸡脚,发生停止产蛋等不良后果。因此,必须采取措施预防冷应激。

一要加强鸡舍保温。首先适当增加鸡舍保温隔热层，一般来说，鸡舍顶棚的失热占舍内总失热的 60% 以上，所以顶棚的隔热层薄厚、隔热材料如何，对鸡舍保温起着决定性作用。其次，鸡舍北壁的导热性优劣，对鸡舍保温性能有重要影响。如果冬季发现鸡舍顶棚和北墙有结霜现象，就应增加保温层的吊棚，用塑料布或油毡纸增加隔温层，堵北窗，也可在主风向距鸡舍适当的地方，设挡风屏障以缓解寒风侵袭。鸡舍最适产蛋温度为 18～23 ℃，最理想的温度为 21 ℃ 。如果低于 13 ℃种鸡产蛋量下降；低于 12 ℃肉鸡生长发育严重受阻。冬季气温低时，降低风扇的转速，减少空气流通量，以 0.1～0.2 米/秒为宜。

二要增加饲料中的能量。冬季应在饲料中增加高能量的饲料比例，适当降低蛋白质含量。喂料量适当增加，以保生长、产蛋不受低温影响。生产证明，同样状况的鸡群，在不同舍温下，需要的能量不同。在气温逐渐上升或下降的情况下，鸡群可以通过采食量逐渐调整，来满足热能的需要。假若冷空气到来，气温突降，鸡群本身则无法一下子调整采食量，就会造成很大的应激。所以，冬季养鸡应注意收听收看气象信息预报，力争在冷空气来前 1～2 天内，给鸡群每只增加 10～20 克饲料量，持续 3～5 天，即可使鸡只多得热量，以应付气温下降时热能的不足。当冷空气过去、气温回升之后，立即恢复原来饲料量，免得过肥。如果气温是逐渐下降的，每下降 3 ℃，应给鸡加料 5 克左右，使鸡得到足够的热量，以维持体温和产量水平。

另外，进入冬季时，将饲料热能调高，使肉种鸡每天能采食 150～170 克饲料，以满足低温热能的需要，同时，要特别注意各种氨基酸的质量和数量。

三要合理通风换气。冬季为了保温，往往关窗闭门，不进行通风换气，结果易造成舍内空气污浊，湿气增大、垫料潮湿，轻者对鸡的羽毛生长和脚部不利，重者由于空气环境恶化，氨气、硫化氢、二氧化碳、甲烷及粪臭素等倍增，灰尘及微生物等超过鸡舍卫生标准，致使鸡群发生呼吸系统疾病、肉仔鸡腹水症等，造成经济损失。因此，切不可单纯为了保温，不进行通风换气，应保持舍内一定的气流速度，一般来说，冬季舍内气流速度应在 0.1～0.2 米/秒之间，方可使鸡舍内氨气浓度不超过 200 毫克/千克，硫化氢不超过 10 毫克/千克，二氧化碳不超过 0.5%，达到鸡舍卫生标准要求。

44. 冬季饲养蛋鸡如何应对阴冷天气

家禽是一种恒温动物，由于家禽体温高，代谢旺盛，尤其是产蛋鸡，对温度和光照特别敏感，稍有不慎，可能使其受冻而致病，导致产蛋量下降，甚至造成死亡。这在冬季连阴寒冷天气尤为严重。因此，在冬日里，产蛋鸡必须增光保温，方能有效抵御低温阴冷天气，从而提高产蛋率。

增加光照方法：可采用自然光照和人工光照两种，自然光照指的是阳光，阳光能增强机体代谢，并有杀菌作用；人工光照是指用各种灯光，主要是电灯照明，目前密闭鸡舍一般采用人工光照并取得很高的生产效益，如果自然光照的时间不足，可以用人工光照予以补充。自然光照和人工光照合并使用，既可节省照明用电，又可调节最适宜的环境温度，满足蛋鸡生长的需要。

光照强度：产蛋鸡最适宜的环境温度是 16～21 ℃，要求低温不低于 4 ℃，高温不超过 30 ℃。在一定的温度范围内，随着光照强度的增加，母鸡的产蛋量也有所增加。产蛋鸡的适宜光照强度，一般为 5.8～10 勒克斯，每平方米鸡舍有 2～3 瓦灯泡的照度即可。

光照原则：生长阶段的蛋鸡，每日光照最好在 10 小时以内，如果做不到，则应由长逐渐变短，或保持平衡，切不可递增。产蛋阶段的蛋鸡，光照时间宜长，但每日光照时间达 14 小时即可，最长 18 小时，再长对产蛋无益，切不可递减或突然变化，否则会使产蛋量下降。密封式鸡舍，可以根据鸡的生理状态自由控制光照时间，其光照全部为人工光照。发现进气孔与排气孔漏进少量光时，应在进出气孔安装遮光板。育雏的头几天光照时间较长，以便幼雏尽快学会吃食饮水，20 周龄的鸡只给 8～9 小时光照，21 周龄起每周增加 45 分钟，31 周龄时光照时间最多增到 16 小时，以后一直不变，在产蛋的最后数周，将光照时间增至 18 小时即可。

45. 冬季如何利用塑料大棚饲育雏鸡

养好雏鸡是养鸡成败之关键之一。冬季塑料大棚育雏有升温快、保温好的特点，最适宜冬季育雏。但在冬季，当外界气温变化较大时，棚内温度波动也会较大。因此，适时控制好育雏大棚的温湿度等环境气象条件，是塑料大棚育雏成败的关键。

首先，冬季气温低，要在大棚内建一育雏棚。搭建方法是，在大棚一头用鸡围篱围成育雏室，再用塑料薄膜与大棚隔开，以利保温防风。育雏密度是每平方米面积饲养 30 只。同时，育雏室内要预设加温取暖设备，以确保冬季寒冷时为育雏棚加温。

其次，由于冬季大棚密闭好，容易保温，谨防温度过高，引起热应激。因此，每天要适当通风换气 3～5 次，调节温度。晚间气温低，大棚要及时关闭，换气可打开棚顶通气孔。白天可交替开闭大棚薄膜和育雏棚的薄膜，既通风换气又保持育雏棚内的温度和空气新鲜。

除此，还应根据雏鸡日龄进行一般性的饲养管理，其要点是：

(1)育雏棚地面垫料厚度，要在 10 厘米左右，上面覆盖一层塑料薄膜或报纸。

(2)在进雏前一日，应将育雏棚内的温度升至 34～35 ℃，饮水器内预先装好饮水，使水温与室温保持一致。雏鸡在出壳后 24 小时以内，一定要饮水、开食，第一次饮水最好用 5%～10%糖水，2～3 小时后即可开食。雏鸡开食可把颗粒料撒在饮水器附带的料盘或报纸上，让其自由啄食，第二天让雏鸡在料盘中取食，5 日后即可撤去料盘，开始用小料桶或料槽给饲。随着鸡群成长，逐渐升高和增大料桶高度和容量。

(3)要密切注意一周龄以内的雏鸡神态、鸡叫声音变化、密集和散开程度、粪便颜色变化等，以此适当调控育雏温度，预防疾病发生，拣出弱雏单独饲养，及时深埋或焚烧死雏。

(4)育雏期育雏棚内温度，从开始的 34 ℃、35 ℃，每周降低 3 ℃，直到 21 ℃左右为止，逐渐敞开育雏棚与大棚之间的塑料薄膜，让雏鸡逐渐适应大棚内的环境。

(5)大棚育雏白天利用自然光，晴好天气要防止太阳直晒，傍晚要及时开灯，次日清晨关灯，以补充光照。一般来说，1～3 日龄内要 24 小时照明，以后每天减小 1 小时的照明时间，增加 1 小时黑暗，到 10 日龄时，控制在 17 小时。照明强度，一般来说，一周龄雏鸡为每平方米 5 瓦，一周龄以后为每平方米 2 瓦。切记，不可半夜关灯或早晨关灯过早，以免引起鸡群不安。

(6)21 日龄之前雏鸡日粮中，代谢能为每千克含 3000～3300 千卡，蛋白质的比例分别是粗蛋白为 22%～24%、粗脂肪为 5%～10%，其他元素所占比例是钙为 0.9%～1.1%，钠为 0.18%～0.25%，可用磷为 0.48%～0.55%，盐为 0.3%～0.5%。

46. 雏鸭饲育对温度有什么要求

饲育温度条件是雏鸭饲育能否成功的关键。一般来说，0 周～3 周的雏鸭，因绒毛保温效果差，体温调节机能不健全。在管理上，首先要确保有较高的环境温度，尤其在第一周。一般来说，开始育雏时，温度应在 33～35 ℃(冬季可稍高，夏季可稍低，幅度为 1～2 ℃)，8～14 日龄时，育雏室温度控制在 20 ℃、育雏器温度控制在 20～25 ℃；15～21 日龄时，育雏室温度控制在 15 ℃、育雏器温度控制在 15～20 ℃；22～28 日龄时，育雏室温度控制在 15 ℃、育雏器此时可以去除。

调节温度可通过观察鸭群表现来确定。如，鸭群挤堆、尖叫、趋近热源，就表明温度偏低。如果鸭群张口喘气，张垂翅膀，散离热源、烦躁不安、饮水偏多，就表明温度偏高了。而当温度适中时，雏鸭精神活泼，羽毛光滑、整齐，伸腿伸腰，三五成群，食后静卧无声，或有规律地吃食饮水，排泄粪便。同时会每隔 10 分钟“叫群”运动一次，这是温度适宜雏鸭感到舒适的自然反应。温度降低的原则是：应随日龄增长，由高到低的逐渐降低。一般来说，当 3 周龄末时，舍温为 18～21 ℃为宜。

47. 湿度对雏鸭饲育有什么影响

育雏的前期，舍内温度较高，水分蒸发也快，要求相对湿度要高一些(1 周龄以 60%～70%、2 周龄以 50%～60%为宜)。如果湿度过低，雏鸭易出现脚趾干瘪、精神不振等轻度脱水症状，影响生长。但如果湿度过高，形成高温高湿的环境，就会导致雏鸭体热散发受阻，这种体热散发不良，会使雏鸭食欲减退，而且还为霉菌的繁殖，球虫病的发生创造条件。如果形成低温高湿，就更不利了，会致使雏鸭体热散失太快，增加耗料，也易着凉生病。

同时，随着雏鸭日龄增长，排泄物也会增加，舍内容易变得潮湿(这不是人为制造的那个湿度)，还会积聚氨气和硫化氢等有害气体。因此，雏鸭饲育中要注意通风换气。其中以排出潮气最为重要。如果舍温能保持在 20 ℃以上时，则应尽可能地加强通风，如在冬季，可先提高舍温 2～3 ℃，再打开门窗，几分钟后再关，反复几次。这样既保证了新鲜空气的补充，又可维持舍温。

48. 冬季如何饲养雏鹅

一要选择好鹅苗

优良健壮的雏鹅应具备：出壳后即能站立，绒毛膨松、光滑、清洁、无沾毛、沾壳现象；精神活泼，反应灵敏，叫声洪亮，手提颈部双脚挣扎有力；倒置能迅速翻身；腹部柔软，卵黄吸收和脐部收缩良好，肛门无粪便粘连；胫粗壮，胫、脚光滑发亮。

二要饲养密度适宜

一般每平方米饲养 1 周龄雏鹅 20～25 只，2 周龄 15～20 只，3 周龄 10 只。

三要控制好温度

冬季气温低，大群育雏应在育雏室保温育雏，铺好垫料，不要让雏鹅直接接触地面。育雏的适宜温度：第一周为 28～30 ℃，第二周为 26～28 ℃，第三周为 24～26 ℃

四要湿度适宜

栏舍潮湿易使雏鹅患感冒、下痢等疾病。栏舍适宜的相对湿度为 60%～70%，调节湿度的有效方法是要勤换垫料，常清扫粪便，保持地面和栏舍干燥。

五要及时开水与开食

雏鹅第一次饮水叫开水，雏鹅应在出壳后 24 小时内开水。冬春寒冷季节，要饮温水(30 ℃左右)。若鹅苗经过远距离运输，首先喂 5%～10%的葡萄糖水，有利于提高成活率。

第一次喂料叫开食。一般应在出壳后 36 小时后进行。开食过早易患消化不良，开食应选择营养丰富，品质优良易消化的饲料。

六要适时放水和放牧

放水要选择暖和的天气，雏鹅 7～10 日龄时开始，冷天则要 2 周后。选择晴朗天气，让雏鹅在水盆或赶到水深 4 厘米左右的浅水中嬉水锻炼，初次放水时间以 6～8 分钟为宜，以后逐日延长放水时间和深度。放牧应在 1 周龄以后，选择晴天，将小鹅放在平坦的嫩草地上，让其自由采食青草，每次放牧时间 25～30 分钟。此期间应照常喂料，3～4 周龄后，逐渐过渡到全日放牧，并逐渐减少饲喂次数和补喂饲料数量。

七要做好防疫和保健

在防疫保健上,要认真做好如下几件事:①在 1～3 日龄注射小鹅瘟高免血清,预防小鹅瘟出现。②育雏室保持清洁干爽,要经常清扫、消毒。③平时精心饲养,注意饲料搭配和营养需要,不要使用发霉饲料和垫料。④经常检查鹅群动态,发现病鹅要及时查明原因,及时治疗,若确定是传染病,应立即隔离,全群防疫,防止疫病扩散。⑤放牧时要防暴晒、防雨淋、防农药中毒等。

49. 如何调控雏鸭饲育的光照条件

雏鸭特别需要日光照射。太阳光能提高雏鸭的体表温度,促进血液循环,经紫外线照射能将鸭体皮肤、羽毛和血液中的 7-脱氧胆固醇转变为维生素 D 促进骨骼生长,并能增加食欲,刺激消化系统,有助于新陈代谢。

因此,在不能利用自然光照或自然光照时数不足时,可用人工光照补充。

一般来说,育雏期内,光照强度可适当大些,时间略长。在第一周龄时,育雏的头 3 天,连续光照,以后每昼夜光照可达 20～23 小时,即从 4 日龄以后,不必昼夜开灯,可利用自然光加早晚补充光照即可;第二周龄时可缩短至 18 小时左右;自第三周龄起,要区别不同情况,若是夏季育雏,白天利用自然光照,夜间用较暗的灯光通宵照明,只在喂料时用较亮的灯光照射 0.5 小时即可。如在晚秋季节育雏,由于日照时间短,可在傍晚适当增加光照 1～2 小时,夜间仍用较暗的灯光通宵照明。同时,期间要保持一定时间的黑暗和弱光的交替。使鸭群适应突然断电的变化,防止受惊、扎堆,挤压死亡。

光照的强度以白炽灯每平方米 5 瓦，距地面 2～2.5 米为宜。

50. 如何使鹅在天气多变的春天多产蛋

我国季风气候特点决定了初春气温仍较低，尤其是长江以北地区，有时日最低气温仍会降至 0 ℃以下，且天气多变，多数蛋鹅的产蛋量会因气温突然降低而下降乃至停产。但实践表明，只要通过精心饲喂，加强管理仍能实现多产蛋。具体来说，可通过以下措施来争取蛋鹅多产蛋。

(1)保持温度增加光照：保持环境温度是维持母鹅初春多产蛋的关键。初春鹅舍温度应保持在 8～10 ℃，其每昼夜光照时间应保持在 15～16 小时之内。温度偏低时，应增温；光照不足时，应及时人工补充光照。

(2)合理饲喂：蛋鹅日常精料的合理组成比例，一般要按玉米 60%、糠麸 20%、饼类 18%、生长素和蛋壳粉 2%的比例进行配比。每只鹅日喂混合精料 150～200 克，分 3 次喂给，其中一次安排在夜晚 10～12 点，即熄灯前增喂一次颗粒料，对提高产蛋率有益。

(3)适时促使鹅群运动，也就是俗语所说的舍饲“噪鹅”：初春母鹅的饲养仍以舍饲为主，活动量少，应经常轻轻驱赶鹅群，让其在舍内作圆圈运动，即“噪鹅”。春天母鹅的下水次数宜少，并缩短放水时间。一般应选在上午 10～11 点和下午 2～3点或黄昏各洗澡 1 次即可。

(4)搞好卫生防疫：蛋鹅的圈舍要常清扫，垫草要勤换勤晒，料槽每周用碱水刷 1 次。鹅场内要经常保持清洁卫生，防止虫、鼠、蝇的繁殖和蔓延，对出入鹅场的人员及车辆应做好消毒工作，在进场口设立消毒池。

51. 春季饲育雏鸭如何调控温度光照

（1）温度：春季气候多变，气温忽高忽低，育雏期间要十分注意保温，切忌给温忽高忽低。育雏鸭的适宜温度，一般是1～3日龄30 ℃，4～7日龄25 ℃，此后随着日龄增加，每日降温1 ℃，直至降低到22 ℃，与环境温度一致时，即可按常温饲养来控制温度。

（2）光照：一般3日龄以内雏鸭，要采取全天候光照，以后每周减少2～3小时，4周龄后随自然光照饲养即可。

52. 春季饲育雏鸭如何开食

雏鸭出壳24小时后，应先给水再开食，并在第一次给水中加入适量维生素C和葡萄糖，以利于清理肠胃，促进胎粪排除。

同时，供应充足营养。通常雏鸭饮水后即有吃食的表现，起初可先用半生半熟的大米饭，撒在清洁的垫布上，让其自由啄食，每次喂七八成饱，每昼夜喂6～8次。1周龄以后，日喂4～6次；3周龄后，日喂3～5次。

另外，还可适当加些鱼虾、蚯蚓、泥鳅等，喂时可将此类荤腥料切碎拌入饲料中，也可先熬成汤糊混入饲料中饲喂。

53. 如何饲喂产蛋初期与前期的蛋鸭

产蛋初期（即150～200日龄）与前期（即201～300日龄）

重点是增加日粮中营养浓度和饲喂次数，满足蛋鸭营养需要，把产蛋量推向高峰。

在适当日粮配方的基础上，产蛋率达 50%～70%时，每只鸭每天添加 10 克鱼粉；产蛋率达 90%以上时可添加 18～20 克鱼粉，以后维持这一水平。饲喂次数从每天 3 次增加到 4 次，白天 3 次，夜间 10 时 1 次。期间鸭蛋越大，增产势头愈快，说明饲养管理愈好。否则，及时查明原因，改进提高。

若产蛋率逐渐上升，尤其早春开产的鸭产蛋率上升更快，一般到 200 日龄(最迟到 300 日龄)，产蛋率可达 98%左右，就说明饲喂管理良好。若产蛋率忽高忽低甚至下降，属饲养方面原因。每月抽样称重(在早晨鸭空腹时)一次，若平均体重接近标准体重时，说明饲养管理得当；若超过标准体重，说明营养过剩应减料或增加粗料比例；若低于标准体重，说明营养不足，应提高饲料质量。

此期平均日光照 14 小时，并应从短到长逐渐增加。

54. 如何饲喂产蛋中期的蛋鸭

产蛋中期(即 301～400 日龄)重点是确保鸭高产，力争使产蛋高峰期维持到 400 日龄以后，日粮营养浓度应比前一段略高，每只鸭每天添加鱼粉 22 克，或饲喂 20%蛋白质的配合料每日每只采食 150 克，还要适当多喂些青饲料和钙。水草喂量每只每天 150 克或添加多种维生素，添加 1%～2%的颗粒状贝壳粉。此时，若蛋壳光滑厚实，有光泽，说明质量好。若蛋形变长，壳薄透亮，有砂点，甚至出现软壳蛋，说明饲料质量差，特别是钙量不足，或缺乏维生素 D，应加以补充。若产蛋期间为深夜 2 点左右，产蛋时间集中，产蛋整齐，说明饲养管理得当。否则，应及时采取措施。

此期间，每天光照时间稳定在16小时，鸭舍温度保持在5～10℃，如超过或低于这个标准，应进行调整。

55. 如何饲养产蛋后期的蛋鸭

产蛋后期（即401～500日龄）的饲养管理，一般由蛋鸭体重和产蛋率来确定饲料的质量及喂料量。

若鸭群的产蛋率仍在80%以上，而鸭的体重略有下降，应在饲料中适当加动物性饲料；若体重增加，应将饲料中的代谢能适当降低或控制采食量；若体重正常，饲料中的粗蛋白质应比上阶段略有增加。若蛋壳质量和蛋重下降时，还要补充鱼肝油和矿物质。

此期的光照时间，每天应保持在16小时。同时，每天在舍内赶鸭转圈运动三次，每次约5～10分钟，但要注意保持鸭舍内小气候和操作程序的相对稳定，避免应激反应。

56. 夏秋高温季节如何控制肉鸭饲养环境气象条件

鸭子无汗腺，加上丰厚羽毛的覆盖，鸭体的散热受到很大限制；当环境气温超过适温时，在防暑降温条件差的情况下，易造成鸭体温居高不下。同时，高温、高湿的饲养环境易于鸭粪分解，易造成鸭舍内氨气等有害气体含量过高，危害鸭的健康和生长。另外，高温还利于病原微生物的孳生和繁殖，诱发多种疾病。

因此，为使炎热的夏秋时节，饲养的肉鸭正常健康生长，要调控环境，防止热应激：

一要保持鸭舍清洁、干燥、通风。增加鸭舍打扫次数，缩短鸭粪在舍内的时间，防止高温下粪便带来的危害。饮水槽尽量放置在鸭舍四周，不要让鸭饮水时将水洒向四周，更不要让鸭在水槽中嬉水。

二要减少饲养密度。适量减少舍饲数量和增加鸭舍中水、食槽的数量，可使鸭舍内因鸭数的减少而降低总热量，同时避免因食槽或水槽的不足造成争食、拥挤而导致个体产热量的上升。

三要搞好鸭舍通风换气，加快鸭体散热。保证鸭舍四周敞开，使鸭舍内有空气对流作用，加大通风量。可采用通风设备加强通风，保证空气流动。夜间也应加强通风，使鸭在夜间能恢复体能，缓解白天酷暑抗应激的影响。避免干扰鸭群，使鸭的活动量降低到最低的限度，减少鸭体热的增加。

57. 夏秋高温季节肉鸭饲喂注意什么

一是调整好饲料确保营养：由于鸭的采食量随环境温度的升高而下降，因此，应配制适宜夏秋季高温用的、不同生长阶段的肉鸭日粮，以保证鸭每日的营养摄取量。具体来说：要提高矿物质与维生素的添加量。由于鸭采食量下降，要保证肉鸭各种矿物质与维生素营养成分摄入量不变，应适当提高其日粮中的含量。夏季鸭体排泄钠、钾增加，喘息时血浆中二氧化碳浓度升高，有可能出现呼吸性中毒，因此，在日粮中或饮水中补加额外的钠、钾及在饮水中补加碳酸盐均有利于维持电解质平衡。

二是夏季高温时，饲料中的营养物质易被氧化，且高温等应激因素易造成鸭的生理紧张，不仅降低鸭机体维生素 C 合成能力。同时，鸭对维生素 C 等营养物质的需求量也相对提高，所以，高温时节每千克饲料中应另加 50～200 毫克维生素 C，以利于减轻因应激因素对鸭体产生的不利影响。

三是保持饲料新鲜。在高温、高湿期间，自配饲料或购入的饲料放置过久或饲喂时在料槽中放置时间过长均会引起饲料发酵变质，甚至出现霉变。因而每次配料或购买饲料时，以一周左右用完为宜，保证饲料新鲜。在饲喂时应少量多次，采用湿拌粉料更应少喂勤添。

四是使用抗应激药物添加剂。针对鸭体高温下所表现的生理变化，使用水杨酸钠可以降低鸭的体温，使用藿香、刺五加、薄荷等中草药制剂可增加免疫、祛湿助消化达到抗应激效果。延胡索酸可提高机体抵抗力增强抗应激能力，同时具有镇静作用，能使肌肉活动减少。可作为抗应激添加剂使用。

另外，还要在调控好环境的同时做好日常消毒工作。鸭舍内定期消毒，防止鸭因有害微生物的侵袭而造成抵抗力的下降，防止苍蝇、蚊子孳生，使鸭免受虫害干扰，增强鸭群的抗应激能力。

58. 肉鹅养殖如何应对高温酷暑

(1)防暑降温，减小饲养密度：夏季气候炎热，肉用鹅的饲养密度一般以每平方米 6～7 只为宜，鹅舍内温度不得超过 26 ℃。为此，可采取下列降温措施：保持饲舍通风透气，并在地上撒上 1 厘米厚的细沙；中午气温高时，可向鹅舍或鹅身上喷水雾降温；尽量避免阳光直射鹅体。

(2)圈牧结合，适当补饲精料：夏季早、晚气温较低，鹅群采食量大，故可到水草丰富的地方放牧。一般上午9时之前、下午6时之后放牧为宜，其余时间则圈养，适当补饲精料。这既可充分利用牧草资源，又可满足鹅生长的营养需要。现介绍两种可使鹅快长的饲料配方：

配方一(%)：玉米21、麦麸41、黄豆7、骨粉1.5、鱼粉8、粗糠20、钙粉0.5、微量元素添加剂0.3、生长素0.7。

配方二(%)：碎米20、粗糠40、米糠25、黄豆5、鱼粉5、骨粉1、贝壳粉3、微量元素添加剂0.7、多维素0.3。

按配方配料时，黄豆最好炒熟，粉碎后均匀拌入其他饲料中，以提高其利用率。

(3)适时催肥，缩短生长周期：当鹅达到35日龄左右，便可进入催肥阶段。这时，鹅的生理特点是消化力和对外界的适应性及抵抗力都增强，是骨骼、肌肉和羽毛生长最快的阶段，需要的营养物质也较多，并且消化道容积增大，食量大。因此，这时开始催肥，便能为鹅体快速生长提供充足的营养，以缩短生长周期。

(4)严防疫病，降低死亡率：采取严格的防疫措施，可为肉鹅的生长发育提供有利的条件，保证鹅群有较高的成活率。一是坚持做好小鹅瘟的免疫注射；二是小鹅达到1月龄左右时，每只肌注禽霍乱菌苗1.5毫升。

(5)保持清洁，搞好环境卫生：为了保持良好的卫生环境，要做到以下几点：①每天傍晚用菌毒敌杀菌一次；②每天及时清除鹅粪，集中发酵；③饲养用具每隔2～3天消毒一次。

59. 雷雨天气如何防蛋鸭不产蛋

夏季雷雨季节里，特别是突发强对流天气时，往往是雷电交加、狂风大作、大雨倾盆,电光、雷鸣、风啸和降温等这些应急因素会对蛋鸭造成强烈应激,导致蛋鸭反应异常。轻者脱羽换毛,采食量和产蛋率下降,有时会出现临产母鸭把蛋缩回输卵管,形成各种各样的畸形蛋的现象;重者蛋鸭出现消化系统和呼吸系统疾病而停产。因此,在夏季雷雨季节,必须采取措施加以应对,谨防蛋鸭不产蛋。具体来说:

一是注意收听收看当地的气象信息预报,关注天气变化,应在雷雨前把鸭群关在干燥、有干净垫草的舍内,保持干燥,搞好通风,严禁鸭群被雨水淋湿。同时,要在雷雨前及时关闭鸭舍的门窗,并在门窗上安装蓝色或黑色的遮光窗帘。

二是雷电交加时,尤其是雷雨发生前,往往是气压低、乌云密布、天空灰暗,室内一般无光线,同时,为防止闪电刺激,鸭舍往往是门窗关闭,因此,为防止黑暗应激,舍内必须有适宜的光照。同时,保持适当的鸭群密度,谨防拥挤应激。

三是饲养管理人员动作务求轻稳,保持安静,并严禁陌生人进入舍内,尤其是严防如毒蛇、猪、狗等动物窜入鸭舍,防止惊动鸭群,人为造成应激而减产。

四是在饲料中,要适当添加维生素 E、C,以缓解应激反应。

60. 如何防御雷雨天气里蛋鸭的应激反应

如果因雷雨天气刺激已经引起了蛋鸭应激反应,可对鸭群进行药物治疗和预防。

主要方法有:在饲料常规添加量外再补充 30%～50%禽用多维素和在饮水中添加维生素 C,标准是每 7 只鸭一天的饮水中添加维生素 C100 毫克。也可在每 100 千克饲料中添加抗应激灵添加剂 50～100 克；或者在每 1 千克饮水内加入抗应激灵添加剂 1～2 克，连续饲喂 3～5 天，既能缓解和改善蛋鸭应激反应状态，也可预防蛋鸭因外界异常刺激产生应激反应，提高蛋鸭对外界刺激的自然抵抗能力。

如果蛋鸭因雷电刺激反应相当剧烈，必要时可考虑对鸭群施用药物镇静剂。其方法是，在蛋鸭强烈应激反应发生后的 2 小时内，迅速在蛋鸭的饲料或饮水中，按每只蛋鸭 50 毫克的剂量添加氯丙嗪镇静剂，连续使用 2 天。或者在每 1 千克饲料内添加利血平 15 毫克，连续饲喂 2 天，即可起到良好的缩短应激反应发生的持续时间和减轻应激反应的危害程度。

61. 冬季饲养蛋鸭如何应对严寒

冬季气温低，日照时间短，蛋鸭产蛋率低，甚至停产。但从生产实践看，只要切实加强饲养管理，当年春孵的母鸭产蛋率仍可保持在 80％以上。

一要防寒保温。产蛋鸭最适宜的温度是 13～20 ℃，最低不应低于 6 ℃。因此，严寒的冬季鸭舍必须堵塞墙缝，关闭门窗，尤其是北窗要堵严。夜间和气温低时，再在门窗上加挂草帘，在地面上铺些稻草或麦秆，四周要铺厚一些。每日晚上鸭入舍前添加新草，同时提高饲养密度，每平方米饲养 8～9 只，鸭舍还应注意通风换气，每次放水时鸭子一出舍，即应把门窗打开，入舍后再关闭。

二要调整日粮。冬季鸭子对能量要求较高，因此要适当增加玉米等能量饲料的比例，蛋白质含量则降低到 15％～17％，并且要注意增加白菜、萝卜等青绿饲料，以确保蛋鸭对维生素的需要。

三要精心喂养。坚持喂温食,饮温水,以减少鸭子体热的散失。每天白天喂食 3 次,夜间再加喂 1 次,并供给充足的饮水。一般先喂食、饮水,后喂青绿饲料。更换饲料要逐步进行,不要太突然。

四要科学管理。每天早上迟放鸭,傍晚早关鸭。减少放水次数,缩短下水时间,上、下午阳光充足时各放水一次,最少 3 天放一次水。每次放鸭出舍前要先打开窗户噪鸭,即将鸭哄起,让其在舍内缓缓作转圈运动,待 80%左右鸭子发出强烈的叫声时再放水。天气过于寒冷时,要勤"噪鸭",以使其增强活动,促进食欲,提高御寒能力。在自然光照少于 15 小时时,要及时人工补充光照。此外,要尽力保持鸭舍安静,避免惊群。

五要防治疾病。冬季鸭机体的防御能力降低,在饲养管理不善的情况下,极易发病,从而影响产蛋。所以鸭舍与活动场地每周消毒一次。发现疫病要及时查明原因,并及时进行治疗。

62. 肉鹅饲养如何应对寒冷

一是合理饲喂。鹅的饲养分两个阶段,即 4 周龄前在育雏室内进行网上饲养,5 周龄开始在简易塑料棚内饲养,自然温度较高、阳光充足时进行舍外运动。垫料因地制宜,如用阔叶树叶等。鹅饲料配方 1～30 日龄:玉米 50%、稻糠 18.6%、豆饼 20%、鱼粉 8%、贝粉 2%、骨粉 1%、盐 0.4%;31 日龄～出栏:玉米 50%、稻糠 24.6%、豆饼 15%、鱼粉 7%、骨粉 1%、贝粉 2%、盐 0.4%,多种维生素、微量元素按说明添加。粗料为白萝卜。精粗料配合比例为第一周 1∶1;第二周 3∶7;三周后 2∶8(粗料为鲜品)。在喂饲时间内允许肉鹅自由采食。饲喂次数按 1～3 日龄每日 8 次;11～20 日龄每日 6 次;21 日龄～出栏每日 5 次。每日夜间 3 时必喂,以驱散聚堆的鹅群。鹅舍适宜温度因日龄而异,1～3 日龄 32～20 ℃;4～6 日龄 30～27 ℃;7～14 日龄 26～24 ℃;15～30 日龄逐步过渡到 22 ℃。湿度为 60%～70%。

二是加强管理。育雏期间应强、弱分群,开好食、用好水,注意光照,1～7 日龄 24 小时连续光照,光照标准是每平方米 5 000 勒克斯,8 日龄后逐渐将晚上光照撤掉,只用照明灯。饲养密度为 1 周龄每平方米 20～25 只;2 周龄每平方米 12～20 只;3 周龄每平方米 8～10 只。每周定期消毒一次。垫料可视湿度随时补充。

另外,加强防寒保暖,是寒冷季节养鹅的关键环节。

63. 洪涝灾害后养殖家禽如何消毒

洪水灾害常给家禽的生产及管理带来很大的困难。一般来说,禽舍被洪水浸过之后,饲养环境中的各种致病因素会相应地增多,家禽感染得病的机会也会相应增大;因此,必须加强消毒工作。

一要对禽舍进行彻底消毒处理,一般程序是先进行机械冲洗,清扫干净,粉刷墙壁,加强通风换气,然后用 2%的热烧碱溶液,或用石灰加碱法即用 8%～10%的生石灰加 1%的碱水喷洒墙壁、地面及舍内空间,鸡笼等用具用 3%来苏儿或 0.02%～0.03%的过氧乙酸喷洒消毒,用药后禽舍需密封,以保证消毒效果。

二要对禽舍周围环境消毒，一般应包括禽舍周围5米内的地面和鸡舍外墙面，可用2%～3%的烧碱溶液喷雾消毒，也可用次氯酸钠30～50毫克/升进行喷雾；鸡舍周围1.5～2米地带撒生石灰消毒，运送鸡粪的道路、粪堆等地面均用过氧乙酸或烧碱溶液喷洒消毒，或用火焰焚烧消毒；将清扫后的粪便及污物、杂物进行发酵处理，可进行堆积密封，利用生物热进行消毒，以达到杀灭无芽孢厌氧菌、寄生虫卵及病毒等目的。

常用的环境消毒药物还有碘附类（如爱迪伏、黄福）、复合酚类（如菌毒敌、消毒灵、农乐）、二氯异氰尿酸钠（别名“优氯净”）及双链季铵盐类（如百毒杀、远征消毒液）。在消毒时，可轮换使用不同的消毒剂。

64. 洪涝灾害后如何确保家禽饲料的质量

一要防止饲料霉变，谨防霉变饲料对家禽造成危害。饲料发霉是由霉菌引起的，致霉霉菌主要有黄曲霉、烟曲霉等，堆积、储存过久，气温、湿度适宜时会大量繁殖，导致饲料霉烂。预防饲料霉变的方法有：

(1)保持饲料干燥、清洁，空气流通。

(2)密封储存饲料，抑制霉菌生长。

(3)丙酸钙（钠）防霉，100千克饲料加50克丙酸钠或加100克丙酸钙，搅拌均匀。

(4)克霉净防霉，每吨配合饲料中加入0.5千克的克霉净，可使饲料2个月不霉变、不结块。

二要加强饲料的脱毒处理。洪灾后，气温、湿度都适宜霉菌的繁殖，饲料极易霉变，为了降低洪水带来的直接损失，对

霉变不太严重的饲料,可进行脱毒处理后再进行饲喂。常用的脱毒方法有:

(1)水洗去毒法:将发霉的饲料放入缸中,加清水(最好是开水)适量,浸泡饲料,并用木棒充分搅拌,如此清洗5~6次后,便可用来饲喂家禽。

(2)蒸煮去毒法:将发霉饲料放入锅中,加水煮沸30分钟或蒸煮1小时,然后用清水清洗几次,沥干水分即可饲用。

(3)氨气去毒法:将发霉饲料的含水量调至15%~20%装入缸中,通入氨气,然后密封12~15天,再将其晒干,使之含氨量减少后即可使用。

(4)蔗糖去毒法:将发霉饲料浸没于1%的蔗糖液中10~14小时,然后滤去浸泡液,用清水冲洗,再晒干,可去毒。

(5)发酵中和去毒法:将发霉饲料和清水湿润,拌匀,使其含水量达50%~60%,将其堆成堆,自然发酵24小时,然后加草木灰2%拌匀,中和2小时后装于袋中,用水冲洗,滤去草木灰水,倒出后加糠麸1倍,在室温下发酵7小时,去毒效果可达90%以上。

三要提高饲料质量,增强抗病力。可相应增加饲料中的维生素含量,如维生素A、维生素E、维生素D和维生素B等,以加强家禽对环境的抵抗力。也可通过添加微生态制剂来调节家禽自身的微生态环境,起到抗病效果。

65. 洪涝灾害后如何做好家禽防疫

被洪水淹没过的禽舍,各种致病菌及病毒无处不在,而且有些传染性很强。因此,在家禽入舍之前,一定要做好疫苗的接种工作,在接种的过程中,要严格按操作规程进行,不能漏针及注射量不足，对要求加强免疫的疫苗应复种。此外，还应该注意在饲料中添加亚硒酸钠及维生素 E，维生素 E 的抗氧化性可提高家禽机体的免疫力，亚硒酸钠和维生素 E 合用对提高免疫力会更显著。亚硒酸钠及维生素 E 的缺乏有时会导致免疫失败。

66. 洪涝灾害后要确保家禽饮水卫生

洪水过后，为了保证家禽能够饮用到干净的水，可通过饮水消毒的方法解决。饮水消毒，可防止饮水传播疾病，应经常对饮水器和水槽进行消毒。饮水消毒对杀灭水中的病原微生物是有成效的，但不会杀灭鸡肠道内的微生物，用于饮水消毒的药物应选用效力强、毒性小、无残留的消毒剂，可选用双链季铵盐类消毒剂及二氯异氰尿酸钠和碘酊等消毒剂。

同时，为增强家禽的体质，增强抗病力，可在饮水中加入水溶性的复合维生素及电解质，如速补 18、速补 14 等。

67. 如何利用塑料大棚饲养蛋鸭

(1)鸭舍选址与建造

鸭舍宜选择在地势高燥处，地面平坦而坚实，阳光充足，靠近水源(水深一般 1～2 米)，坐北朝南，远离村舍。鸭棚结构为人字形顶，顶高 4～5 米，四周檐高 1.8 米，靠水一侧开具二扇 1.5 米宽的门，有 5～10 平方米运动场。建筑材料可用毛竹搭架，上盖油毛毡或稻草。运动场四周设 60 厘米高的竹栅栏，运动场内按每 100 只鸭设置一个食槽和一个水槽。鸭舍面积按每平方米饲养 6～8 只鸭，一般一个棚以饲养 1000

只左右鸭为宜。

(2)适选品种

要选择生产性能好、性情温顺、体形较小、成熟早、生长发育快、耗料少、产蛋多、饲料利用率高、适应性好、抗病性强的品种。

(3)饲养管理

蛋鸭在饲养过程中,应根据苗鸭、育成鸭和产蛋鸭的不同生长习性分类管理。

①苗鸭饲养管理上,主要抓好五个环节。一是饮水:在小鸭出壳后12～24小时后进行,水温以20～25 ℃为宜,水中可适量添加多种维生素及氟哌酸等药物,以增强雏鸭体质及预防鸭细菌性肠炎。二是开食:开食可用经水漂洗过的碎米饲喂六成饱,后逐渐添加小鸭料,每天喂6～8次,喂至1月龄。三是保温:第一周保持舍内环境温度27～30 ℃,以后每周下降3 ℃,直到3周后保持温度在20 ℃左右。四是放水:1周内放水每天2次,每次半个小时,水温不低于15 ℃,以后逐渐延长。五是加强管理:勤扫鸭舍,勤换垫草,淘汰病雏、弱雏,保持通风干爽,注意消毒、饮水卫生及防鼠害。

②育成鸭

一般在1月龄后饲喂中鸭饲料,饲料配制按谷物饲料(以玉米或稻谷为主)占50%～60%,饼类饲料(以豆粕、菜籽饼为主)占10%～20%,蛋白质饲料(以鱼粉和豆粕为主)占10%～15%。此外,还要添加食盐0.2%～0.4%,多种维生素0.2%等。可让鸭自由采食,每天放水2次,搞好鸭舍卫生,至70日龄。

③产蛋鸭

一要科学饲喂:如果饲养的是绍鸭,一般在80天左右开产，有条件的地方可饲喂蛋鸭全价料，也可自行配料，但在产蛋率达到70%左右时，日粮中的粗蛋白应保持在18%左右。一般日喂4次（早上7:00时，中午12:00时，下午17:00时，晚上22:00时）或自由采食。每隔半月供一次沙砾，每只每次约10克。

二要适时放水：可在每天上午9:30～10:30时，下午3:30～4:30时各放水1次，每次半个小时至1个小时，夏天可延长，冬天可稍短。

三要合理补充光照：夜里补充光照，开始光照每昼夜应不少于14小时，以后逐渐增加到16小时为止。同时根据自然光照长短，应用夏季弱光（15～25瓦的电灯泡照光）、秋季常光（25～40瓦）、冬春季节增光（40～60瓦），在变动光照时要逐步进行，使鸭有一个适应过程。

四要勤于管理：每天早上按时捡蛋，每晚添加少量垫草。夏季鸭舍注意通风，防暑降温，及时清粪，冬季鸭舍注意保温，清粪间隔时间可稍长。同时，还要及时淘汰产蛋下降的蛋鸭。

另外，抓好鸭病的防治。一是对小鸭病毒性肝炎，可在出壳后接种鸭病毒性肝炎疫苗或高免血清；对鸭瘟的预防，可在每年春秋两季及时注射鸭瘟疫苗（选择休产期进行），每只1羽份①；对鸭霍乱可注射疫苗，预防量每只1羽份。平时用常规抗菌药物拌入饲料或饮水，预防大肠杆菌病等常见病。二要建立卫生消毒制度，每周用10%～20%新鲜石灰乳液将圈舍、运动场周围环境消毒1次，食槽、用具、饮水定期用高锰酸钾或消毒药消毒清洗，并谢绝各类外来人员进入鸭舍，以免新

---

① 羽份，为俗称，1羽份是指1只禽（鸭），相对于兽类常用“1头份”表示1头猪、1头牛等的数量。

病原侵入。

68. 温度对猪生长发育有什么影响

猪是恒温动物，适宜的温度是保证猪正常生长发育、产肉、繁殖的前提条件。在正常情况下，无论外界温度如何变化，猪体都能通过自身的调节，保持体温基本不变。当环境温度适宜时，猪最容易保持体温正常，饲料利用也最经济；当环境温度过低或过高时，猪饲料的消耗量增加，生产水平降低，或减少采食、减少活动，甚至发生冻死或热死。例如，20～80千克的猪，其在温度 5 ℃时单位增重的相对耗料量为115.1%；而在环境温度为 25 ℃时，其单位增重的相对耗料量下降为 98.5%。所以，将环境温度控制在最适于猪生长发育和生产的范围之内，是充分发挥饲料作用和提高生产水平行之有效的措施。

各类猪的适宜环境温度，因年龄、类型和品种的不同而有差异。一般随着猪体重和日龄的增长，猪所需要的环境温度逐渐降低。对于肥育猪来说，由于其皮下脂肪较厚，体内热量散发受阻，耐热性差，夏季气温较高时，要注意降温；仔猪皮下脂肪少、皮薄、毛稀，抗寒能力较差，特别是出生时要注意保温。一般来说，除仔猪生后 1～3 日保持 30～32 ℃，4～7 日龄需要 28～30 ℃、15～30 日龄可减为 23～25 ℃，断奶仔猪则要 21～22 ℃，带仔母猪一般控制在 22～25 ℃外，壳郎猪和大猪可用公式来计算，即 $T(℃)=-0.06\times M+26$。式中，T 代表所需环境温度，M 代表猪的体重。如照此公式来计算，1 头 85 公斤重的肥猪，要求适温为 20.9 ℃。

69. 湿度对猪生长发育有什么影响

空气在任何温度下都含有水汽，其潮湿的程度就是空气湿度。无论是猪圈内或猪舍内的空气湿度，都会对猪的生长发育造成一定影响，且影响是多方面的，它直接影响猪的热调节，从而影响猪的健康和生产能力。一般来说，空气湿度大，环境阴冷，猪体的抵抗力会减弱，发病率增高，易患疥癣和湿疹等皮肤病与呼吸道疾病，对生长发育和产仔都不利。如相对湿度从45%升高到95%，猪的日增重下降6%～8%；在干燥光亮猪舍中饲养的母猪，可比在潮湿阴暗舍中饲养的母猪产仔数提高23.1%，仔猪断奶窝重提高18.1%。

另外，猪的机体水分蒸发是其散热的一个重要方式。当空气潮湿时，猪体的水分蒸发就会受到抑制，影响机体散热。相反，当空气湿度小，猪体体表水分蒸发就容易，就可以加速体热的散发。因此，在湿度不高，空气比较干燥的情况下，即使温度升高，也容易忍受。在低温情况下，如空气中湿度增加，就会增加空气的热容量、导热性，吸收机体放出的长波辐射，从而加剧了猪体的寒冷感。所以，猪舍应尽量保持相对干燥，一般来说，猪适宜的相对湿度为60%～75%。对于密闭式无采暖设备的猪舍，公猪、母猪、幼猪适宜的相对湿度为65%～75%，肥育猪为75%～80%。有采暖设备猪舍湿度可相应减低5%～8%。

70. 气流对猪生长发育有什么影响

气流是指猪舍内空气的流动，其流动量与速度对猪的生存与生产都有影响，且与温度、湿度一起作用于猪体而影响其散热。热天，适宜的气流，有利于猪体散热，尤其是在高温夏季，适宜的气流可加速猪体散热，减缓热应激，对健康和生产力有良好作用。冷天，它增强了肌体散热，加重了寒冷对猪的威胁，增加能量消耗，使生产力下降。当然了，适当的气流还有利于猪舍内污浊气体的排出。

一般来说，正常温度下，猪舍内气流通常应保持在 0.1～0.2 米/秒为宜，最高不超过 0.25 米/秒。在夏天，应充分进行对流通风，以加速猪体散热。在寒冷的冬天，应堵塞屋顶、门、窗的一切缝隙，防止贼风侵袭，但对于密闭式猪舍，也应保持相当的气流，以使舍内的温度、湿度、化学组成均匀一致，且有利于将污浊气体排出舍外。

71. 光照对猪生长发育有什么影响

适宜的光照可增加猪体血液循环，促进新陈代谢，保证钙、磷的正常代谢，提高生长发育速度。

在猪的生产中，红外线主要用于仔猪供暖，而紫外线则有杀菌、抗佝偻病和增强代谢等作用。适当的紫外线照射使皮肤和皮下组织中的麦角固醇和 7—脱氧胆固醇转变为维生素 D_2 和维生素 D_3，从而促进钙磷代谢和骨骼生长，预防和治疗佝偻病；适当的紫外线照射还可以兴奋呼吸中枢、提高新陈代谢强度，增强抵抗力和免疫力。此外，紫外线还可以促进猪舍内空气发生电离，产生负离子，对提高猪生产力和健康水平、净化舍内空气均具有特殊作用。

猪对可见光光照相对不甚敏感，一般光照时间以每天 14～18 小时为宜，育肥猪光照时间可降低为每天 8～12 小时。

光照时间不足、光照强度过弱，对猪的生长发育都不利；光照过强和时间过长，会使猪的机体氧化过强，猪活动增多，能量消耗增加，脂肪沉积相对减少。

另外，可见光对猪繁殖性能影响较大。试验表明，光照时间越长，卵巢的重量越大，每个卵巢上的卵泡数和新鲜黄体数也随之增多，而发情周期则缩短。在人工控制光照条件下，每天 8 小时和 17 小时光照的母猪，平均窝产活仔猪分别为 8.6 头和 10 头，仔猪平均初生重量为 1.3 千克和 1.32 千克。

72. 有害气体对猪生长发育有什么影响

猪的呼吸、排泄以及排泄物的腐化分解，不仅使舍内空气中的氧分减少，二氧化碳增加，而且产生了氨气、硫化氢、甲烷等有害气体，对猪的健康和生产力有不良影响，因此，猪舍内的二氧化碳含量不得超过 0.15%，氨气含量最高限为 0.0026%，硫化氢含量不得超过 0.001%。此外，舍内的灰尘和微生物落在猪体与饲料上也是一大危害，因此必须加强卫生与消毒工作。

73. 夏季高温对种猪生育有什么影响

当环境温度高于 33～35 ℃、种公猪深部体温超过 40 ℃时，则会导致睾丸温度升高。精液质量随之降低，精液中精子数减少，活力降低，品质差的精液能够影响母猪的受胎率。当夏季高温应激后 7 到 14 天开始，公猪精液品质下降，一般高温后 7～8 周精液品质才能恢复正常。同时，高温还能使公猪的性欲降低。

高温对母猪的发情、配种、妊娠都会造成一定的影响。高温季节母猪常出现乏情和返情，发情周期也会延长。高温应激对母猪配种前3周、配种后3周及分娩前3周这几个时期的影响最为严重。

母猪配种前、后1～3周对高温特别敏感，其受胎率会明显降低，出现胚胎早期吸收和死亡，因而产仔数明显降低。妊娠后期是胎儿体重增加的关键时期，高温会影响胎儿的正常发育。同时，高温致使母猪采食量减少，营养不足，从而造成胎儿出生重量低，出生后生长缓慢。

如果母猪在妊娠后期遭受热应激，母猪初乳和常乳中免疫球蛋白含量较低，仔猪出生1日龄时，血液中的免疫球蛋白量明显低于正常仔猪，母猪初乳中和仔猪血液中的免疫球蛋白含量对仔猪的后天免疫非常重要，当其含量低时，则导致仔猪免疫力差。

74. 夏季高温期如何提高猪的繁殖性能

一要调整好日粮配方，确保足够营养

高温对种猪最为直接的影响，一方面是食欲减退，采食速度减慢，采食量降低，继而是导致种猪的营养水平降低，能量和蛋白质摄入量不足。因此，每当进入夏季高温时期，生产者就要调整日粮配方，提高日粮中能量和蛋白质水平，保证种猪饲料达到正常繁殖所需的营养水平。

二要保证饮水，防体温上升

猪主要依靠水分蒸发来散失体热。饮水不足或水温过高会使猪的耐热性下降。试验证明，猪饮水量随环境温度升高而增加，在气温为7～22 ℃时，饮水量和采食饲料干物质比为

2.1～2.7∶1;气温升高到30～33℃时,饮水量和采食饲料干物质比提高到2.8～5∶1。因此,保证充足的清洁凉水,一般水温控制在10～12℃以内,有利于猪体降温并能刺激采食,提高采食量。

三改变饲喂、运动和配种时间

夏季天气气候是早晚偏凉,中午酷热,昼夜温差大,而猪产热的规律是在喂料后1～2小时产热达到最高峰。如果在12时饲喂,下午2时产热最高,此时正值一天中,气温最高的时候,很容易产生热应激。所以,每当进入炎热季节,猪场都应改变猪的饲喂时间,早餐宜早,可在6时左右;晚餐要晚,宜在19时左右;午餐可避过中午时间饲喂,以充分利用天气凉爽时,使猪多采食。饲喂湿拌料的,可以略湿并加喂青绿饲料来提高适口性,促进采食。

对种公猪来讲,合理的运动是提高健康水平和配种能力必不可少的手段。在高温季节更应坚持不懈,但应随着饲喂时间的改变而相应地改变,即每日在早饲后和晚饲前各进行30～60分钟的驱赶运动。配种或采精的两次时间亦可安排在上、下午运动后30分钟左右,尽可能使种公猪中午休息的时间长一些。

另外,高温对种猪最为直接的影响是性欲降低,发情延迟。在夏季高温时期,可利用公猪效应(即公猪的刺激对母猪繁殖机能的影响)弥补高温带来的性欲降低的不良影响。如同舍公母猪隔栏接触饲养;配种时将公猪赶到发情母猪栏内交配,或对种公猪进行驱赶运动时,让其经过母猪舍人行道,通过种公猪对母猪嗅、听、看的刺激,来促进母猪发情。

四是降低环境温度

环境温度亦是影响种猪健康水平和繁殖性能至关重要的

因素。只有将环境温度控制在最适宜的温度范围内，即配种舍12～15 ℃，妊娠18 ℃左右，哺育乳期15 ℃左右，才能保证以上技术措施发挥最佳的作用，真正实现母猪的高产与稳产。因此，在高温季节采取有力的降温措施，保证猪舍经常处于适宜的环境温度、凉爽舒适，对维持猪的繁殖性能具有特别重要的意义。

对工厂化猪场来说，最简单的方法是自制喷雾滴水系统，即在一根直径约2～3厘米粗的硬质塑料管上，每隔5～10厘米周径方向交错钻开0.2厘米左右的小孔再分别插上10厘米长的相应细管，设置于猪栏上方30厘米处。硬质塑料管口接自来水(有一定压力)。

每当气温高于22 ℃时，每0.5小时或1小时打开喷雾滴水1～2分钟来冷却降温。当遇到极高温度，如超过40 ℃时，应采取紧急措施，如用水龙软管喷淋猪体、或水浴或在屋顶洒水。有条件的猪场，可购买动力喷雾机，每天3～4次对地面、屋面及猪体喷淋降温。但忌用冷水突然喷淋猪只头部。

75. 奶牛生育对环境气象条件有什么要求

奶牛对环境有较强的适应能力，其可以忍受的温度范围是：−15～26 ℃。因此，对于自然条件来说，奶牛一般怕热不怕冷。

在夏季，奶牛对高温、高湿敏感；在冬季，则对寒风比较敏感。

奶牛适宜生育的环境温度为5～21 ℃，最适宜的环境温度为10～15 ℃，在其犊牛阶段为10～24 ℃，最适温度为17 ℃。

一般来说，当气温低于-15 ℃，尤其是高于26 ℃时，奶牛的采食量和产奶量会下降。与气温15 ℃比较，当气温高于26 ℃，产奶量会下降25%；当气温高于35 ℃，产奶量下降50%。此外，在夏季高温、高湿情况下，奶牛容易发生中暑，特别是产前、产后母牛更易发生中暑。

奶牛生育环境的空气相对湿度以50%～70%为宜。在夏季，当相对湿度超过75%，产奶量明显下降，

另外，冬季风力达到5级以上，奶牛的产奶量也会明显下降。

76. 生猪养殖如何防暑降温

夏季天气酷热，猪极易掉膘，且生长滞缓，甚至中暑死亡。因此，盛夏养猪必须采取有效措施，做好防暑降温工作，确保生猪安全越夏，提高养猪经济效益。

(1)遮荫冲洗降温：农村养猪大都是开放式猪舍，应在舍前搭一临时凉棚遮荫，防止阳光直射。或在舍周围搭棚，或栽种葡萄、南瓜等藤蔓类植物，让藤蔓爬满凉棚遮荫。还可用清凉井水冲洗圈内地面、墙壁来降温；有自来水条件的，可接水管，每天冲洗几次；没有自来水的要用盆盛水冲洗，以降低舍温。

(2)调整日粮结构：盛夏时期，日粮中的能量饲料应相对减少，可适当增加青绿饲料。平时能量饲料为日粮的50%～70%，夏季为40%～50%；青绿饲料由0.5～1千克增加到1～1.5千克。所喂饲料均应新鲜、卫生、无霉变。

(3)实行夜间喂猪：饲喂时间可在晚上7时、11时和凌晨4时进行，每天饲喂3次。另外，白天可在上午10时和下午3

时各喂一次 0.5%的食盐水和青绿多汁饲料。只要饲喂合理,满足需要,50 千克左右的猪,日增重同样可达 0.50～0.75 千克。

(4)供给充足的清洁饮水:水是各种营养物质最好的溶剂和运输工具,猪体内废物的排除,也是通过水来运转的,猪体内水分占其总重量的三分之一至二分之一,因此,夏季养猪,其日饮水量应是猪自身重量的 24%左右。可饮 0.5%的盐水,以调节体温。

(5)用水冲猪体降温:①用喷雾或淋浴冲洗猪体,每天 2～4 次,帮助猪体散热;②初出井的水,温度较低,可在日光下晒一会儿,然后冲洗猪体,既可散热降温,又可使猪体清洁卫生;③用水冲洗猪体时,应安排在饲喂前,喂后 30 分钟内不能洗,更不能用水突然冲猪头部,以防猪因头部血管强烈收缩而休克。

(6)洗澡降温:可在猪舍一角建造一浅池,倒入清水,使猪随时可到池内浸泡,促使猪体热散发。若圈内小而无条件挖池,可在猪舍附近挖池,下午隔一段时间,把猪放出来,让猪自由翻身浸泡 10～20 分钟。

(7)饲料防暑:①醋或酸菜汁。每次可内服,依猪体大小增减量。②白扁豆。白扁豆有消暑健胃之功效,依猪体重可用 20～50 克,煎汁饮汤。③绿豆汤。取绿豆适量,加水 20 倍煮至皮烂,凉后饮汤吃豆。④西瓜皮。用新鲜西瓜皮 2 000 克,捣烂后加白糖 100 克混合,隔天一次。

(8)搞好猪体、猪舍卫生。应打开猪舍所有通风窗(孔),使猪体凉爽舒服,舍内可铺垫干净砂粒 3～5 厘米厚,通过猪体与砂粒的接触而散热。另外,每天可用 20%的石灰乳喷洒墙壁和地面进行消毒,并用 3%石炭酸溶液消毒所有的饲具。

77. 奶牛养殖如何防暑降温

夏秋季节，天气炎热，奶牛容易产生热应激，影响正常的产奶量和繁殖率，而且奶牛的抵抗力下降，发病率升高。因此，采取多种措施进行防暑降温，是夏秋高温季节饲养好奶牛的关键。防御方法是：

（1）改善环境小气候：当奶牛舍内温度超过 30 ℃时，就会影响其体表散热，新陈代谢发生障碍。因此，夏秋季要打开牛舍所有的通风口，不能只靠门窗通风。有条件的要安装风扇或排气扇，加大空气流通，以降低牛舍温度，排除舍内污浊气体。下午挤奶后，还可以直接向牛的体表喷水雾降温。

（2）调整日粮结构：为使奶牛保持较高的泌乳量，要适当调整日粮结构，减少粗纤维比例，精饲料种类除多样化外，要提高蛋白水平，多喂优质青草、瓜菜类等青绿饲料。在喂饲时间上，采用早晨早喂、夜间晚喂、晚上放牧等方法，也可增加奶牛的采食量。

（3）供给充足饮水：一般泌乳的奶牛每天的饮水量不低于 100 千克。水槽内要勤添水，活动场地上要设置足够的水槽，并保证清凉饮水不间断。为促进奶牛消化，保证水盐代谢平衡，可在饮水中加入 0.5%的食盐。

（4）搞好卫生：勤打扫牛舍，及时清除粪便，并用清水冲刷地面，不让粪便在牛舍内发酵。通过加强通风换气，保证舍内氨气、二氧化碳等有害气体不超标，无异味，干燥、凉爽，并定期进行环境消毒。

（5）杀灭蚊蝇：蚊蝇不仅叮咬牛体，影响其休息，造成产奶量下降，还可传播疾病。因此，可在牛舍上安装纱门纱窗，同时用 90%敌百虫 600～800 倍液喷洒牛体，驱杀蚊蝇。但应注意用药时浓度不能过高，不能有异味，不能渗入牛奶中。

78. 高温酷暑天气奶牛养殖如何应对热应激

奶牛是耐寒怕热的家畜，其适宜环境气温为 10～20 ℃，当环境气温超过 25 ℃，就会影响产奶量。产奶量越高的牛受影响越大，产奶量下降幅度可高达 50%，而且还会导致以后泌乳期产奶量下降，下降幅度每头每天 2～5 千克，甚至可高达 10 千克以上。环境气温在 32 ℃以上时，乳蛋白率、乳糖率降低，还会造成发情期受胎率和初生牛犊体重下降。

由于高温、高湿会导致奶牛产生热应激。一头日产 30 千克奶的奶牛，其一天内因热应激产生的热量几乎相当于 1.4 千瓦的电热器工作 1 小时，如果这些热量不能顺利散发的话，就会造成体热蓄积、呼吸加快、体温上升，最后发生热射病。奶牛通过减少采食来减少热量的产生，从而达到产热和散热的平衡。这种平衡的结果，使产奶量减少，这是奶牛的一种自我保护。

奶牛热应激会引起中暑，临床症状为：精神沉郁，四肢无力，步态不稳，突然倒地，全身震颤，口吐白沫，口色发红，心跳加快，体温升高至 41～43 ℃，全身出汗。有的表现为兴奋，狂躁不安；也有的全身麻痹，皮肤、角膜、肛门的反射功能减退或消失，常常发生剧烈的痉挛，严重的 1～2 小时内死亡。

缓解和减少热应激对奶牛的危害，要从环境和营养两方面来考虑。一是改善牛舍和牧场环境，阻断外部的热源进入牛舍，尤其是防止外部热辐射对牛舍和牛的直接影响。同时促进牛舍内部的热量和水分向外排出，通过送风、喷水、洒水等人为措施，促进奶牛体热的散发；二是改善营养和饲喂技术，通过改善饲料结构和饲喂技术，尽量减少或抑制与产奶无关热量的产生。

79. 如何治疗中暑的奶牛

发现奶牛中暑后，要立即将其牵到通风凉爽的地方，灌服冷盐水，并用 25 ℃水浇牛全身或用冷水洗其头部，也可凉水灌服，或是将西瓜去皮除籽，捣碎后让其自饮或灌服 5～10 千克。病重的可静脉放血 1 000～2 000 毫升，然后立即静脉注射 1 500～3 000 毫升生理盐水，内加 10%安钠咖 10～30 毫升或 10%樟脑磺酸钠 10～20 毫升。

80. 雨季如何预防牛食物中毒

夏秋雨季的气候特点是高温、高湿，特别是洪涝灾害后，各种谷物饲料、动植物高蛋白质饲料、发酵的青贮饲料以及采收过多的青草、青菜等都不易保存，饲料易受潮，尤其被水泡过的饲料，更容易变质、发霉和腐烂。因此，进入夏秋雨季，是牛肉毒梭菌（又名腊肠杆菌）中毒病的多发期，必须采取措施加以预防。

（1）喂牛要精心，不能随意用腐烂变质的草、料、菜等饲料喂牛，因为霉烂饲料常能造成本菌的大量繁殖，而产生毒素。因此，不能为节约饲料而因小失大，造成难以挽回的经济损失。

（2）在环境管理上要随时清除场内的垃圾，严格死畜的处理，不可乱扔，彻底消毒。尤其要抓好灭鼠，防止污染水草和谷物饲料。

(3)饲喂新开窖的青贮，要注意管理，封闭好，不可漏雨或进水，防止青贮变质霉烂。夏秋制作青贮时，要保证质量，防止混入死鼠或死猫烂狗，切断肉毒梭菌的传播，把住病从口入关。

(4)饲喂牛要按日粮标准喂给骨粉等钙、磷、食盐和微量元素，满足牛多种营养的需要。防止牛异食癖的出现，以免喝脏水，舔食腐败饲料。

(5)凡是发生过肉毒梭菌病的地区，应做好定期的肉毒梭菌菌苗的预防接种，使其获得免疫，保证牛的安全生产。

(6)发现病牛，尽快确诊，早期静脉或肌肉注射多价肉毒梭菌抗毒素血清，成牛 500～800 毫升或注射相应的同型抗毒素单价血清治疗，有一定效果。

(7)应尽快进行洗胃、灌肠或灌服速效泻剂，也可静脉输液，减少毒素吸收，排出牛体内的毒素。然后灌服明矾水或福尔马林液，以消毒收敛肠道。

(8)药物治疗可使用盐酸胍和维生素 E 单醋酸脂等。另外，对病牛使用镇静剂和麻醉剂，对食物中毒有一定的阻止作用。

(9)静脉注射 10%～40%乌洛托品灭菌水溶液，能分解为氨和甲酸，故有抗菌作用，可用于治疗并发的肺炎和利尿。也可兴奋强心解毒，可用 20%安钠咖注射液，每次 20 毫升，皮下或肌肉注射。

(10)加强病牛护理，咀嚼和吞咽困难的病牛，不能进食时，可静脉注射葡萄糖溶液或生理盐水。以维持病牛的体力，促使病牛尽快康复。

81. 冬季养猪如何应对严寒

(1)猪舍检修要细致:冬季贼风侵入猪舍袭击猪体会引起猪只感冒和肺炎等疾病的发生,因此,猪舍应建在地势高燥、向阳之处,入冬前要塞住北、西、东三面的窗洞,及时检修屋顶及四壁的缝隙,猪舍的窗户和通风孔应距离地面1.0~1.5米以上,以保持舍温相对稳定。

(2)门窗悬挂挡风帘:猪舍的门窗在入冬前可搭草帘遮盖或整个门窗用塑料布覆盖,以保暖御寒。在猪舍北墙外西北方向用秸秆搭成风障墙或堆草垛挡风,以防止西北风侵袭猪舍。

(3)因地制宜搭塑料棚:塑料棚具有投资少、效益高、制作方便等优点。农户分散养猪一般可按圈舍模式,因地制宜,因陋就简,在圈舍上方扣设拱形、脊形、伞形或单坡向阳式棚。靠南面上方留一活动通风窗供调节温度与换气之用。塑料棚透光聚温,可提高舍温5 ℃左右,有利于猪的生长和增重。

(4)铺草垫床以增温:冬季应在猪床上加铺15厘米厚的玉米叶或其他干草等,既可吸湿除潮、吸收有害气体,又可提高猪床温度。实践证明,在猪圈内铺上10厘米厚的锯末,加入发酵剂,数天后锯末便开始发酵,其温度可达35 ℃,使舍内气温提高。待整圈后,锯末又是农作物的优质肥料。

(5)暖窝增加保温层:挖50厘米深的土坑,里面铺上一层软草,上面盖上秸秆,让仔猪在里面取暖;也可搭个草棚子,里面堆放些软干草,让猪钻到里面睡觉保温。封闭式猪舍天棚距离地面1.8~2.0米,可在棚上加锯末和稻壳保暖,在地面铺垫草供猪躺卧。天棚每两间留一通风口,以排出舍内氨气和潮气。

(6)精心饲喂:在配制猪的日粮时,应适当增加高粱和玉米等能量饲料。饲料经发酵后进行饲喂,要让猪饮用温水。饲料供给要充足,每晚零时左右,再加喂一次夜食,以增强猪的抗寒和抗病能力,促进其快速增长。

(7)添加饲喂中草药:在饲料中添加活血祛淤、健脾燥湿、祛风散寒的中药,既能促进猪的快速育肥,又能抗寒防病。处方可用山楂、苍术、陈皮、槟榔、神曲各 10 克,麦芽 30 克,川穹、甘草、荆芥、防风、柏仁各 60 克,木通 8 克,研末拌少量饲料于早晨一次喂完,每周喂一次。

(8)增加饲养密度相互取暖:在冬季,一般舍内养猪头数可比平时增加 1/3～1/2,让猪互相以体温取暖,加之猪多散热多,就能提高舍温。猪舍进新猪应在天黑时进行,用酒或有气味的低浓度来苏儿喷雾猪身后再进行合群,同时饲养员需要观察几小时,以防止猪打架。

(9)保持猪舍干燥:猪舍的湿度越大猪就越感觉寒冷,并极易引起猪的皮肤病、呼吸道疾病、传染病及寄生虫病。为防潮湿、防漏雨,舍内要勤垫勤换干草和松土,要让猪定点排粪尿,保持猪伏卧处洁净和干燥,给猪提供舒适的生活环境,以促进冬季育肥猪的生长发育和健康。

(10)要细心照料临产母猪:母猪临产时,要专人值班接产,仔猪出生一只接产一只,接产后马上抹干其身上黏液,放置在保温栏内或带有稻草等保温材料的箩筐内,上盖麻袋保温,并定时放回母猪处喂奶,喂完后再放回保温处,2～3 天后才让仔猪随母猪身边采食母乳。避免因仔猪为保暖紧靠母猪,而母猪在翻身、躺下时不慎压死仔猪。有条件的最好在栏舍内设保温栏,内置 250 瓦红外线保温灯或设保温垫板保温,让仔猪自由出入。这样对仔猪防寒保暖效果较好。猪崽生长的适宜环境温度是：1～3 日龄 34～30 ℃，4～7 日龄 30～28 ℃，15～30 日龄 25～22 ℃。

(11)加强猪崽免疫：及时做好防疫免疫工作，对常见病如伪狂犬病、大肠杆菌病、猪瘟、五号病、流行性腹泻、传染性胃肠炎等疾病，应及时按免疫程序按时按量进行免疫注射，以及进行常规的消毒工作，一周两次喷洒百毒杀、菌毒敌、酚类、过氧化氢等消毒药物，防止和减少疾病的发生。

82. 冬春季节如何防御奶牛感冒

冬春季节，天气忽冷忽热，奶牛极易患感冒。患病奶牛的产奶量和乳质会显著下降。因此，及时防治奶牛感冒，对提高饲养效益十分重要。

奶牛感冒症状：病牛主要表现为精神沉郁，时有流泪，病初鼻流清涕，鼻镜干燥；精料采食量减少甚至不食，仅采食少量青草，反刍减少甚至停止；病牛体温升高，体温高者可达 40～42 ℃。

治疗方法：一是对发现早、症状轻、体况较好的奶牛，可用 30％的安乃近或定痛安 20～40 毫升进行肌肉注射，每天注射 2～3 次，连用 2 天即可痊愈。为预防继发感染，在每次注射时可加入青霉素 400 万～600 万国际单位①，链霉素 200 万国际单位。在挤奶之后注射。二是对发现迟、病情重、体质较差

---

① 国际单位：是用生物活性来表示某些抗生素、激素、维生素及抗毒素量的药学单位，例如，维生素 C：1 国际单位(IU) ＝ 50μg(微克) 抗坏血酸，1 微克等于百万分之一克。

的奶牛，可选用5%的葡萄糖氯化钠注射液500～1500毫升，青霉素800万～1200万国际单位，链霉素400万国际单位，维生素C 2～4克，10%的安钠咖10～30毫克，静脉输液，同时肌肉注射安乃近或定痛安20～40毫升。

另外，也可采用中药灌服：即取麻黄30克，桂枝、茯苓、柴胡、黄柏、连翘、葶苈子各25克，防风、远志、车前子、泽泻、桔梗各20克，金银花、生姜各50克，白酒为引，水煎灌服，每天灌一次，连灌3天。

83. 炎热夏季肉羊放牧饲养注意什么

夏季天气炎热，极易造成羊只中暑或引起其他疾病。因此，养殖户要提前做好准备工作，因地制宜，科学放养，以达到优羊优牧，快速育肥的目的。一般来说，从以下几个方面着手。

一要注意放牧时间。夏季天气炎热，上午放牧应早出早归，一般待露水刚干即可出牧。中午11时至下午3时让羊在圈内休息吃草料，下午可在晚7时收牧；热天要选择林荫地放牧，以防中暑。

二要注意风雨袭击。夏季雷阵雨较多，羊群一旦遭到袭击很容易伤体、感冒、掉膘，因此，夏天放牧应尽量避开风雨。多雷多雨天气，放牧时可自带能容纳羊群的大块纤维布，四角扣牢在大树跟上，中间用较粗的木棍顶起，即可让羊临时避雨。另外，切忌电闪雷鸣时在陡坡放牧，以防羊受惊摔伤。

三要注意散热凉羊。夏季，羊很容易上火发病。因此，为保证羊体健康，每天凉羊十分重要。羊经过长时间放牧，往往造成疲劳闷热，羊胃很容易得病。中午放牧羊群不要急于赶入羊圈，可直接让羊在树荫下风凉休息、饮水。晚上放牧后，可待羊凉一段时间后再入圈舍。每次出牧和收牧时，不要急于赶羊，应让羊缓慢行走、活动、凉体散热。

四要注意羊舍改建。应选择无遮挡的高爽地带建舍，保持舍内通风，便于清理粪便。羊舍高度应保持在2米左右，达到防水、透风、隔热。门口要有一定坡度，但要平整，以便羊进出时脚底平实。

五要注意驱虫洗澡。成羊或产后母羊，在5月中旬之前，可用新型驱虫药阿福丁(虫克星)，一次性用药，同时驱除体内寄生虫(如蛔虫，肺线虫等)和体外寄生虫(如螨、蜱等)。用药剂量:50千克体重用虫克星5克，混匀在饲料中饲喂。隔7～10天后重复给药1次。初春生产的羔羊，在肝片吸虫病流行的地方，可用硝氯酚等，按用药说明进行驱虫。

六要注意环境卫生。夏季高温多湿，羊放牧归来后，活动范围变小，容易造成圈舍的潮湿和环境不良，往往会引起寄生虫病的发生，因此要注意羊舍的环境卫生、通风和防潮，保持羊舍清洁干爽，做好羊疥癣等寄生虫病的防治。日常喂给的饲料、饮水必须保持清洁。不喂发霉、变质、有毒及夹杂异物的饲料。饲喂用具经常保持干净。羊舍、运动场要经常打扫，并定期消毒。

七要注意给盐补水。每天补喂1～2次混合饲料(麦麸、玉米面、豆饼等加稻糠、草糠混合)的同时，每天放牧羊可饮用4～6次淡盐水。切忌让羊饮用死塘水、排灌水、洼沟水或让羊在潮湿泥泞的地方吃草、休息，以免引起风湿病。

八要注意防病治病。定期进行预防注射，注射时要严肃认真，逐只清点，做好查漏补注射工作。放牧时要随时注意羊的精神状态、食欲和粪便情况。要特别注意羔羊的疾病防治。

一般羔羊生后36小时内，应喂土霉素10毫克，每天2次，连服3天，可减少疾病的发生。

同时，注意疫病防疫：①及时注射口蹄疫、羊痘和四联疫苗（炭疽、快疫、羊痘、羊肠毒血症）。②对于羔羊痢疾，可用磺胺0.5克、碳酸氢钠0.2克，1次口服，连服3次，或青霉素5万～10万国际单位，每日肌肉注射2次。③对于羔羊肺炎，可静脉注射10％磺胺嘧啶钠5～10毫升，并加25％葡萄糖液20～30毫升。另外，若发生传染病或疑似传染病时，应立即隔离，及时请兽医进行观察治疗，对病死羊的尸体要妥善处理，深埋或焚烧，做到切断病源，控制流行，及时扑灭。

84. 冬季养猪如何调控温度

（1）环境温度的调控

在外界气温过低时，猪体为了维持正常的体温，就必须增强体内物质的氧化分解，产生热能，以补充体热的散失。一般来说，小猪周围环境气温为20～26℃时，代谢消耗量较低，生长发育正常。但大猪则以15～20℃时代谢消耗较低，增膘正常。因此，要注意搞好猪舍的防寒保温工作，提高舍内温度，不但可以减少猪体代谢的消耗，而且还可以促进其生长发育和增膘。提高舍温方法，有猪舍加盖塑料薄膜、舍内生炉、添加垫料等等。各地可依据条件，选择措施采用。

（2）饮水与食温的控制

冬季猪的饮水和食料的温度，对猪的生长发育和健康也有密切的关系。一头哺乳母猪每天约需要17.5～22.5千克水和食料，如果水温、食温是0℃时，要把这些水、食温度升高到体温39℃的水平，猪体就要消耗682～878千卡的热能，也就等于每天需要0.5～0.75公斤的精料白白消耗在维持体温上，而不能用于泌乳、生长发育和增膘。因此，在冬季喂猪时，要经常喂温食和温水，这样可以减少饲料消耗，提高饲养效益。

85. 冬季如何饲养管理孕牛

一要防寒保暖：栏舍要堵塞漏洞，向阳避风，不漏雨，不潮湿。经常更换垫草，在晴朗的中午，放牛到舍外活动和晒太阳。怀孕牛需有单独的栏舍，单独饲喂，以免拥挤、踢打造成流产。

二要精心饲养：(1)饲喂精料：母牛怀孕后，除了维持自身所需要的营养外，还需要供给胎儿生长发育的营养需要，同时还要积贮一定的养分保证生产泌乳。因此，每日要补喂1～2千克精料。有条件的可喂混合精料，其配合比例为玉米30%，豆饼20%，稻谷15%，棉籽饼15%，菜籽饼5%，米糠15%，还要适当添加一些骨粉和食盐，做到定时、定量、少给勤添，不要喂发霉的饲料。同时，饲料要多样化，适口性强，易消化。由于冬季舍饲一般以干草、稻草等粗料为主，要注意饲料的调制，最好能制作氨化饲料喂牛，这样既可提高适口性，又能增加营养。如补饲时蛋白质饲料缺乏，可采用尿素饲料饲喂，它可以补充蛋白质的不足，尿素每日用量可按牛体重每100千克补充40克为宜。(2)饮水清洁：切忌饮空肚水和冰碴水，最好喂温热水。(3)合理放牧：无雨天，应坚持赶牛上山放牧，放牧既能让牛吃上青饲料，又可增加运动量，有利于牛的健康。放牛要选择背风向阳的灌木丛中，不要让孕牛采食霜草。

三要预防流产：冬季怀孕母牛饲养管理不当易发生流产，

其征兆为怀孕前期阴道流出黏液，不断回头看腹部，起卧不安；怀孕后期表现乳腺肿大，拱腰，屡作排尿姿势，腹痛明显，胎动停止。治疗时可用黄体酮肌肉注射 0.5～1 克，每日 1 次，连用 4～6 日，可收到良好的效果。

四要适当运动，合理使役：怀孕母牛到怀孕中期，应逐渐减轻使役强度，在使役中严禁抽冷鞭，赶急活，转急弯，要缓缓使役，临产前 1 个月停止使役，以免造成流产。对完全舍饲不使役的怀孕母牛，在天晴有太阳时，应牵到外面适当运动，以增强体质，防止难产。对于轻度难产的孕牛，可用脑垂体后叶激素进行催产，一次皮下注射 60～100 国际单位；也可选用乙烯雌酚皮下注射 10～20 毫克，均可获得良好效果。

86. 如何让羊安全越冬

(1)抓好秋膘。秋季凉爽，天渐变短，草籽开始成熟，营养丰富。农田收获后，在农田中遗留有穗头、茎叶、杂草，此时是放牧抓膘的大好时机。要尽量延长放牧时间，让羊群达到良好的营养状况。这样入冬后体质健壮，抗病力强。早秋无霜时放牧应早出晚归，晚秋有霜时，则要适当晚出，以免羊吃霜草生病或流产，怀孕以后的母羊要注意保胎，放牧驱赶羊群要稳。

(2)要备足饲料。俗话说"贮草如贮粮，保草如保羊"。因此除了晒制野干草外，地瓜秧、豆秸、豆叶、树叶、菜叶、粉碎的玉米秸、块根类等均是羊越冬的好饲料，秋季要抓紧收获贮备。此外还要贮备一部分玉米、高粱等精饲料，以便进行补饲。

(3)及时补饲。青草不足或青草不好的地区，每年 11 月下旬逐渐发生羊群采食不足的情况，12 月份开始掉膘。因此，对老幼羊和体弱羊，此时应给予补饲，不能补饲过迟。如果发现有的羊已不能随羊群放牧时再补饲，往往起不到补饲的作用。

（4）调整羊群和合理淘汰。每年入冬前，应根据羊的营养状况调整羊群，让营养相近的羊组成一群放牧，这样能充分利用草场。弱羊群在近处放牧，强壮羊群到远处放牧，以便照顾弱羊群。对久病不愈、体小瘦弱、年老体衰及生产能力低的羊，应趁秋季抓好秋膘时进行淘汰处理。

（5）防寒防病。棚圈是羊群抵御风寒、减少体热消耗和安全越冬的保障，特别是细毛羊和半细毛羊，适应能力差，设防寒棚舍尤为必要。冬季羊体乏弱，抗病能力降低，遇疾病传染，易造成大批死亡。因此，在秋末冬初要进行驱虫。可用敌百虫与硫双二氯酚混合驱虫，对羊患有的多种寄生虫病均有很好疗效。

87. 如何防御山羊因气候变化而流产

（1）适时补硒、碘及维生素 E 和 A。为了弥补本地区缺硒、缺碘，克服枯草期维生素 E 和维生素 A 缺乏的弊端，在配种结束后，给每只母羊肌肉注射 2 毫升亚硒硫酸钠维生素 E 注射液（含亚硒酸钠 2 毫克、维生素 E 100 国际单位）；同时，每隔 1 周用加碘粉碎盐给羊啖盐一次，共啖 3 次，每只羊每次啖加碘盐约 20 克，或者在配种前开始给羊啖加硒、加碘粉碎盐，以上均可以取得良好的临床效果。

（2）抓好四季放牧，严冬时节减少放牧时间，增加舍饲时间。贯彻以膘为纲 16 字方针，即“夏抓水膘、秋抓油膘、冬抓保膘、春少掉膘”。适时接种疫苗、驱虫、啖盐、抓绒等，以提高抗冷应激的能力。

(3)多打贮草，特别是增加打伏草的数量，保证冬春补饲草中的营养物质，增强抵御白灾的能力。改良草场、建立人工草地，每只羊年喂饲草的数量不得少于150千克，为冬春季节半舍饲创造条件。

(4)冬春牧点要有引水设施，保证牲畜的饮水，增强抵御黑灾的能力。冬春季节山羊饮水的时间，应在一天最暖和的下午1～2时。饮水后再放牧一段时间，或补饲牧草，以减轻冷水对羊只的冷应激。

另外，冬春牧点要有暖棚暖圈，改善羊只饲养条件。每年都要认真维修暖棚暖圈，防止冷风和低温对羊只的侵袭，减轻对羊只的冷应激。

(5)及时淘汰老、弱、病、残等失去繁殖能力的母羊。集中力量管理好具有繁殖能力的母羊群，提高其生产性能。每年初冬季节，在日平均气温降到－10 ℃时，对老龄母羊、瘦弱母羊、病母羊进行淘汰，以及育肥羊及时屠宰出售。

(6)管理好种公羊。做到合理适时调换种公羊，引进优良品种血液，避免因近亲繁殖所造成的死胎及胎儿畸形，乃至羊群的退化、生命力减弱、抗病力降低等潜在的威胁。保证配种期间公、母羊的膘情。在饲养上除保证供给优质青干草外，每日补精料0.3千克，其中蛋白质饲料占40%，每日每只种公羊补饲胡萝卜0.4千克。

(7)结合制定育种措施，提高山羊对抗冷应激的能力。在制定遗传育种措施时，除要考虑有较高经济效益的生产性能外(产肉性能、产绒性能)，还应考虑引入耐寒品种的羊只，逐步培育成具有抗冷应激的适应性强的地方良种。

88. 养殖家兔如何应对雨雪冰冻灾害

一是及时组织人员清扫屋顶积雪，加固兔舍防护支撑，增强兔舍抗压能力。同时，尽快将处于险情兔舍中的家兔转移到安全地方。

二是做好兔舍防风保暖工作。整修兔舍门窗等，改善兔舍条件，防止贼风袭击，避免家兔受寒。如在笼中垫干草，大棚兔舍外加草毡、塑料薄膜，门窗密封，或采取加温的方法；自来水管用麻袋、稻草、旧布条等包裹保暖，防止水管冻结、冻裂，以保证家兔的正常饮水。初生仔兔可采取母仔分离饲养的方法，将仔兔集中放在一处，采取一定的保温措施；到剪毛期的长毛兔暂时停止剪毛，以保持兔子保暖和健康的体质。

三是由于气温较低，各养殖户在做好防寒保温的同时要注意兔舍的通风换气，以避免兔舍内污浊空气对家兔上呼吸道的刺激，减少家兔呼吸道等疾病的发生和传染。

四是认真搞好饲料的储存和质量检测，防止由于大雪带来的持续高湿度对饲料的不良影响，尤其是严防饲料发霉。草粉不足时，可在喂精料的同时，加喂干草，精料的喂量为平时喂全价料时的50%～60%。保证正常供应饮水，有条件的可供应温水。

五是加强兔群饲养管理。通过提高日粮能量水平、增加维生素等营养，增强家兔机体的抵抗力；同时，本着抓大放小的原则，优先保护好成年能繁母兔，以利于气温回暖后迅速扩大再生产。

89. 阴雨高湿对羊有什么危害

高湿会增加舍内有害气体积存，危害羊群健康。在湿度过大的羊舍里，常常会感觉到其中的气味特别的难闻，这是因为在潮湿的环境条件下，细菌分解养分和饲料等而产生大量的氨气、硫化氢等有害气体所致。而往往这些有害气体易溶于水，溶解于水汽中的有害气体和空气一起弥漫在羊舍内，而水汽中的有害气体如氨则易于逸出，加上在高湿的环境条件下，羊舍内不断分解有害气体，会致使舍内有害气体的浓度不断增加，以至空气中的氧含量相对减少，因此饲养于此环境条件下的羊群极易引起呼吸系统疾病，如感冒、咳嗽、哮喘、气管炎、肺炎、肺水肿等。同时，有害气体过度吸入，导致血液浓度过高，还引起羊发生中毒，心率衰竭等全身性疾病。

其次，高湿环境还为各种微生物的存活和繁殖创造了条件，疾病流行潜在威胁增大。在高湿环境中，容易引起饲料、垫料受潮发霉，霉菌旺盛繁殖并产生大量毒素，羊采食发霉变质的饲料后，轻者会引起腹泻下痢，重者会导致曲霉菌病、霉菌毒素中毒；另外，在温度适宜的条件下，高湿也为其他致病菌和寄生虫的生存和繁殖创造了有利条件，如在饲养管理、羊群防疫、消毒、隔离等防范措施不到位的情况下，将会增加羊群的潜在威胁，从而导致一些疾病如羔羊痢疾、大肠杆菌病及体内外寄生虫病的流行，更有甚者，甚至会导致疫病流行。

第三，羊长时间生存于高湿环境中，羊舍泥泞，粪尿污积，易导致羊的蹄质软化，蹄质和蹄叉抵抗力减退，致使有害微生物乘机侵入而诱发腐蹄病。

另外，高湿不利于羊的生长发育，会导致生产性能下降，导致羊的体质下降，降低羊对疾病的抵抗力等。

90. 如何防御阴雨高湿对羊危害

一是羊舍建造应符合防潮要求。羊舍应建造于地势高燥、四周排水性能良好的地方，舍向应坐北朝南，结构以楼式结构为宜，羊床离地面 0.4～0.6 米，羊舍四周安装有通风排气的门窗，地面铺有水泥或沙石，运动场内配备有专用的饮水池，其场地还应有一定的坡度，以利排水防潮。

二是勤打扫羊舍和运动场。每天应定期打扫羊舍和运动场，将粪尿和草料残渣及时消除，并运送到固定的地方堆积发酵，最大限度地减少羊舍和运动场的水分蒸发和有害气体的产生。

三是保持羊舍和运动场有良好的通风。羊舍和运动场的通风系统应经常保持良好，并及时根据舍内的干湿度、空气新鲜程度和天气变化，随时灵活掌握舍内通风，即使是在寒冷的冬春季节，羊出舍或外出放牧后，应及时将羊舍门窗打开透风换气。

四是在阴雨高湿天气里，应尽量控制舍内的用水量。除随时保持饮水池内有清洁足够的饮水外，高温天气应尽量避免水冲舍内地面和活动场，在夏季高温高湿天，严禁采用洒水降温。

五是舍内垫料要勤起勤换。遇阴雨连绵的梅雨季节，可在舍内地面铺撒碎干土、草木灰、煤渣、切短的麦秸、稻草等吸湿防潮，舍内垫料要勤起勤换，防止潮湿发霉。

91. 如何改善环境气象条件提高羊群应激能力

预防应激最根本的措施是提高羊的抗应激能力，使羊经受适度的锻炼是提高抗应激能力的根本措施，短时间的轻度应激可以提高机体的抵抗力。除通过选育、选配工作培育抗应激品种，淘汰应激敏感羊外，通过改变环境气象条件，让羊群对应激因素有所适应，或产生轻度应激等，也是增强羊群抗应激能力的有效方法。

羊只生存的环境气象条件，如温度、湿度、密度、空气污染度、光照、噪音等对羊群的应激均有直接影响，可通过以下方法，让羊群对应激因素进行适应。

冬季注意关闭门窗防风保暖，夏季注意通风防暑降温，尽量使羊舍温度保持在 14～22 ℃；羊舍空气相对湿度在 60％左右。无恶劣天气时，要让羊只在舍外活动以适应天气变化；雨季时，要在羊舍内放生石灰，降低湿度。同时，要注意调整羊群密度，不至于过挤或过于宽松，其饲养密度可参考以下参数：种公羊 1.5～2 平方米/只，种母羊 1～1.5 平方米/只，青年公母羊 0.6～0.8 平方米/只，公、母羔羊 0.3～0.5 平方米/只，带羔母羊 2.2～2.5 平方米/只，并且通常每群羊以 20～30 只为宜；另外，羊舍内保持干燥卫生，每日清扫一次羊粪，降低羊舍空气中二氧化碳、氨气、硫化氢、一氧化碳等有害气体及尘埃、病原微生物的浓度。

光照对绵羊、山羊的繁殖机能、育肥及生理机能都具有重要调节作用，由于羊属于短日照动物，应实行短日照制度，即每日 8 小时光照，16 小时黑暗；另外，保持羊舍周围环境安静，羊舍内及其周围避免车辆、机器、人员、其他动物等噪音应激，有条件的可在羊舍内对羊特别是乳用羊和妊娠期羊只播放轻音乐等。

92. 如何通过饲养防御羊群应激

(1)饲草饲料要多样化，做到青干搭配、精粗搭配，达到营养的全面性；变更饲草、饲料要逐渐进行，有 3～5 天的过渡期；饮水保持清洁卫生，久渴失饮时，防止暴饮暴食，冬季饮温水，有必要时可在饮水中添加电解多维或复合维生素；

(2)制定合理饲养规程，做到“定时、定量、定点、定人”饲喂，让羊群有一个相对稳定及安静的采食、运动、休息规律；饲喂时少喂勤添，分顿饲喂，每天 3～4 顿，每只羊每天干物质的采食量按其体重的 3%～5%供给，保证采食均匀，防止拥挤及饥饱不均。同时，要根据季节变化及时调整饲喂时间及方式，避开最热的时间，兼顾最冷的时间；对羊群进行分群饲养，做到公、母分群，成年羊、青年羊、羔羊、哺乳羊分群，空怀羊与妊娠羊分群，健康羊与弱羊、病羊分群，一旦分群后，尽量避免再次调动，因为羊只一旦合群，其强弱、大小位次已经形成，有了相对稳定的群体结构，调动后就将其结构打乱。

断奶时，采取逐渐断奶法，并将羔羊留在原圈，母羊调至远离其羔羊的圈舍；断奶后母羊合群饲养以相互刺激促进早日发情、配种；定期做好消毒、防疫、驱虫、剪毛、药浴等技术性工作，以增强羊只体质，提高抗应激能力；长期舍饲的羊只注意加强运动，减小圈养应激，长期圈养，会造成羊只防御机能弱化，消化吸收能力下降，代谢机能紊乱，生长发育迟缓，饲料转化率低，抵抗力下降，易发多种疾病如风湿、关节炎、生产瘫瘓、难产等。有放牧条件的可适当增加放牧距离，无放牧条件的要强迫运动；在实行一些技术性工作如：分群、抓捕、驱赶、防疫、治疗、剪毛、药浴、打耳号、断尾、去势、去角等工作时，动作要轻柔，禁止抽打、恐吓、踢踩等粗暴行为；进行能同时给羊只带来应激较大的工作时，应分开进行，以降低应激程度。

93. 如何通过药物预防羊群应激

采用药物预防应激简单而有效，已经发生应激时，使用药物也有治疗和缓解作用。

目前，预防羊群应激效果较好，且被广泛采用的药物主要是镇静剂，如氯丙嗪、静松灵、利血平、安定等；保胎药物，遇到强应激有流产征兆时，可注射黄体酮；某些激素，如肾上腺皮质激素、地塞米松；维生素类，如维生素 B 族、维生素 C、维生素 E、复合维生素；微量元素，如硒、锌、铜、铁等；参与糖类代谢的物质，如柠檬酸、琥珀酸；应激缓解剂，如杆菌肽锌；缓解肌肉痉挛的药物，如葡萄糖酸钙等；缓解酸中毒的药物，如小苏打等；维持酸碱平衡的物质，如氯化铵。

在羊只断奶、分群、去势、去角、运输、屠宰之前服用上述药物，可以起到较好的抗应激作用。

不过，药物预防虽然有较好的预防应激的效果，但长期使用某些药物，易在羊体内聚集，形成药物残留，直接影响肉、奶的品质及人的健康，须慎重使用。

94. 獭兔养殖如何应对天气骤冷

冬春时节，天气有时会骤然降温转冷，若管理不善，兔场常会发生急性传染病，造成3月龄左右的獭兔死亡，给养殖户带来很大的经济损失。为此，在天气骤然转冷时，必须加强防冻保暖，做好防治工作。

试验表明，急性传染病多发生在1～3月龄幼兔，临床上以排灰褐色软便和泻大量水样粪便为特征。病因是由于饲料中精饲料含量偏高或长期使用抗菌药物，同时，天气骤变或突然换饲料都可引发该病。此病以冬春为多见，病死率高，对养兔业危害严重。

首先，要注意加强对兔的防冻保暖工作，并适时通风换气，防止氨气太浓引起疾病。

其次，不喂冰冻水，以免兔腹泻。

三要注意合理喂养，保持兔舍清洁卫生。

四要合理用药，避免滥用抗生素及其他抗菌类药物。

五要对常发病兔场进行免疫接种，发现病兔要及时隔离。病兔治疗可用土霉素或金霉素肌肉注射，每千克体重注射400毫克，每日1次，连用5日；也可口服磺胺类、喹乙醇等药物，同时配合口服糖盐水(50千克水＋0.25千克盐＋2.5千克糖)。未发病兔，可用磺胺类药物或其他抗菌药物进行预防，每日1次，连服3日即可有效预防。

95. 如何利用塑料暖棚饲肥肉牛

寒冷的冬季和早春，在保证肉牛需要的营养物质的基础上，最需要的是为肉牛提供充足的阳光和适宜的温度。而利用塑料暖棚养殖肉牛，基本可以满足肉牛生长发育需要。

生产实践表明，塑料暖棚内的温度比一般牛舍高10℃左右。另据测试，在喂相同饲料的情况下，通过3个月(90天)

的饲养对比，在塑料暖棚内饲养的肉牛平均日增重1175克；而在一般牛舍饲养的肉牛，因气温过低，不但没有增重，而且平均日减重125克。

塑料暖棚的搭建，一般可依据养肉牛的数量、规模和现有牛舍的实际情况来确定。可将敞棚式或半开敞式牛舍用塑料薄膜封闭敞开部分，利用阳光热能和牛自身体温散发的热量提高舍内温度，实现暖棚饲养肉牛。

首先，要确定适宜的扣棚时间，通常根据当地的无霜期的长短灵活掌握。在南方地区可晚些，北方地区可早些。一般来说，扣棚时间是11月份至次年的3月份。扣棚时，塑料薄膜应绷紧拉平，四边封严，不透风；夜间和阴雨风雪天气，要用草帘、棉帘和麻袋等物将暖棚盖严以保温，并及时清除棚面上的积霜和积雪，以保证光照效果良好；每天要定时清除舍内的粪便，以保证暖棚内清洁卫生和干燥。

其次，要选好棚址。暖棚要建在背风向阳，地势高燥处。若在庭院中要靠北墙，使其坐北朝南，以增加采光时间和光照强度，以利于提高舍温，切不可建在南墙根。所用塑料薄膜，可选用白色透明的农膜，厚0.02～0.04毫米。棚架材料要因地制宜，可用木杆、竹竿、钢筋等。防寒材料有草帘、棉帘、麻袋等。暖棚舍顶类型可采用平顶式、单坡式或平拱式。实践证明，以联合式（基本为双坡式，但北墙高于南墙，舍顶不对称）暖棚为好，其优点是扣棚面积小、光照充足、不积水、易保温、省工省料。

另外，为保证棚舍内空气新鲜，暖棚必须设置换气孔或换气窗，有条件时要装上换气扇，以排除过多的水分，维持舍内适宜湿度和温度。一般进气孔设在暖棚南墙1/2处的下部。排气孔设在1/2处的上部或塑料棚面上。每天应通风换气2

次，每次10分钟左右即可。育肥的肉牛在棚内饲养密度以每头牛占用5～5.5平方米左右为宜。在暖棚内最好实行一牛一桩、一牛一槽、短绳拴系的办法，牛吃完草料后即可靠桩靠槽卧下休息、反刍、晒太阳。在这样的环境中，即可实现肉牛快速育肥目标。